自动化测试教程

宋合志 / 著

人 民 邮 电 出 版 社
北 京

图书在版编目（CIP）数据

Python自动化测试教程 / 宋合志著. -- 北京 : 人民邮电出版社, 2024.10
ISBN 978-7-115-63145-9

Ⅰ. ①P… Ⅱ. ①宋… Ⅲ. ①软件工具－程序设计－教材②软件工具－自动检测－教材 Ⅳ. ①TP311.561

中国国家版本馆CIP数据核字(2023)第219149号

内 容 提 要

本书基于 Python 语言介绍自动化测试的基本概念和技术，旨在帮助读者了解和掌握自动化测试的实现方法。本书覆盖 Python 基本语法、自动化测试框架、测试用例的设计方法、集成测试的自动化等重要知识，并通过实际案例演示如何使用 Python 编写自动化测试脚本。

本书适合测试人员和开发人员阅读。

◆ 著　　　　宋合志
　责任编辑　张天怡
　责任印制　陈　犇
◆ 人民邮电出版社出版发行　　北京市丰台区成寿寺路 11 号
　邮编　100164　　电子邮件　315@ptpress.com.cn
　网址　https://www.ptpress.com.cn
　三河市兴达印务有限公司印刷
◆ 开本：787×1092　1/16
　印张：9.25　　　　2024 年 10 月第 1 版
　字数：166 千字　　2024 年 10 月河北第 1 次印刷

定价：49.90 元

读者服务热线：(010)81055410　印装质量热线：(010)81055316
反盗版热线：(010)81055315
广告经营许可证：京东市监广登字 20170147 号

前 言

在当今面向程序员的培训市场中，许多培训课程将重点放在软件的开发工作上，但在实际生产环境中，软件项目测试工作所耗费的时间和经费通常不会少于开发工作的时间和经费，甚至在基于敏捷开发的软件工程理念中，测试工作往往会贯穿软件的整个生命周期。基于这种教学供给与市场需求之间的落差，本书重点介绍测试工作在软件开发过程中的重要性，以及实现自动化测试的必要性和方法。为了达成这一目标，本书使用 Python 语言介绍实现自动化测试的方法。毕竟，基于 Python 语言及其运行环境的自动化测试技术已经成为当今软件测试领域中很热门的选择。

本书能帮助读者学习 Python 自动化测试，开启自动化测试的大门。读者可以在本书的基础上深入学习并研究 Python 自动化测试更高级的技术，为将来的职业发展打下坚实的基础。

本书内容

本书以 Selenium、Robot Framework 这两个典型的自动化测试框架为中心，辅以 PyTest、Jenkins 这类用于自动管理测试用例的工具，详细地介绍如何基于 Python 语言实现自动化测试。本书从 Python 语言及其自动化测试框架的快速学习方法开始，循序渐进地介绍自动化测试环境的搭建方法，测试用例的设计方法，以及在持续集成条件下执行自动化测试的方法。在这一过程中，本书会提供一些测试用例，以帮助读者理解书中所介绍的测试方法。

本书共 5 章。

第 1 章对自动化测试进行概念性的知识梳理，并展示学习路线。

第 2 章介绍 Python 编程环境、基本语法和程序库。

第 3 章以面向 Web 应用程序的前端测试工作为例，介绍 Selenium 和 Robot Framework 自动化测试框架。

第 4 章探讨如何设计可交由自动化测试工具执行的测试用例，这也是本书的核心主题。在探讨这一主题的过程中，读者会具体了解在设计测试用例时所需要采取的基本步骤，以及常用测试策略。

第 5 章介绍集成测试的自动化和持续集成测试。

读者须知

由于本书主要介绍如何基于 Python 语言及其相关框架实现自动化测试，因此笔者希望读者在阅读本书之前已经掌握了 Python 语言及其运行环境的基本使用方法。虽然第 2 章介绍了 Python 入门知识，但如果读者想更全面地掌握 Python 语言的全部特性，还需要阅读内容更全面的图书。

当然，Python 社区的自动化测试框架不但琳琅满目，而且更新迭代极为迅速，这意味着等到本书出版之时，读者在自动化测试框架方面很可能已经有了更好的选择。基于“授人以鱼不如授人以渔”的原则，本书的真正目的是希望帮助读者掌握快速学习任意一种自动化测试框架的能力，这种能力才是程序员在这个快速发展的时代可持续发展的动力。

注意，书中所有针对 OnlineResumes 示例程序的测试用例都是基于各章中的代码占比及阅读体验等，进行综合考虑之后产生的简化版本，其中省略了一些用于实际生产环境的测试代码。因此，如果想解决实际项目中的某些具体问题，读者还需利用在本书中学到的知识来设计具有针对性的解决方案。要熟练掌握自动化测试框架，最好的办法就是尽可能地在实践中使用它们，在实际测试需求的驱动下模仿、试错并总结使用经验。本书并不鼓励读者直接复制、粘贴本书配套资源中的示例代码，而鼓励读者动手模仿书中的示例，将自己想要执行的代码输入计算机中，观察它们是如何工作的；然后，试着修改它们，并验证其结果是否符合预期。如果符合预期，就总结当下的经验；如果不符合预期，则思考应该做哪些调整。如此周而复始，才能达到事半功倍的学习效果。

最后，感谢正在阅读的你选择了本书，希望它能够帮助你更好地理解 Python 自动化测试的知识和技术，并帮助你提升测试能力。笔者欢迎读者提出宝贵的意见和建议，以帮助笔者不断改进和完善本书。

在 Gitee 网站关注“华美”（huamei88888888），即可找到本书配套的源代码。

宋合志

目　　录

第1章　自动化测试概述

如今，在与程序员相关的热门岗位中，除了大家熟悉的软件开发岗位之外，还有软件测试。毕竟，几乎所有大中型的软件产品在发布前都需要完成大量的质量控制、测试和文档等工作，这些工作通常会占用整个软件项目 50% 的时间和总成本，而软件测试工程师就负责完成这些工作。然而，我们面对两方面的现实情况：一方面，就业市场对高水平的软件测试工程师的需求量越来越大；另一方面，很多人根本不了解这项工作的具体内容及其在软件工程中的重要性，这最终导致我国在这类优质人才供给方面存在着较大的缺口。一些调查数据显示，目前在我国软件行业每年都会新增约 20 万个软件测试类的岗位，但相关学校与培训机构培养出的软件测试人才不足新增需求量的 10%，并且需求量与供给量间的差距仍在进一步扩大。

基于这样的市场现状，本书从零开始介绍与软件测试及自动化测试实现相关的知识，以自动化测试和测试框架开发的进阶技术为主线，以 Python 为编程语言，把 Python 语言在测试和开发上的优势充分地展现出来，致力于完整、详尽地探讨单元测试、性能测试、UI（User Interface，用户界面）测试、接口测试、集成测试等主题，并通过实践案例帮助读者快速掌握这些知识。

本章会对自动化测试的相关概念进行梳理并规划学习路线，希望读者在阅读完本章内容之后能够：

- 理解软件测试是一项怎样的工作，包括这项工作的定义、分类及原则；
- 理解在软件测试工作中实现自动化测试的意义，并了解自动化测试的核心能力及其局限；
- 了解实现自动化测试所需要学习的知识，并根据本书的内容安排规划好后续的学习方向。

1.1　软件测试工作简介

在目前，软件开发团队中的各个成员（尤其是管理层）对软件测试工作的定义存在偏差。所以在正式介绍自动化测试的相关概念之前，读者需要花些时间来了解一下软件测试究竟是一项怎样的工作，即这项工作所要达成的目标、需要做的事情和要遵守的原则。

1.1.1 软件测试工作的定义

软件测试这项工作虽然属于计算机科学领域，但它同时需要考虑一些与经济学和心理学相关的因素。例如，在理想状态下，软件的开发商会希望通过软件测试工作能了解软件的所有情况，并证明它是一个“没有错误”的产品，但这个要求在实际生产环境中是无法满足的。首先，从科学的角度来说，大概率是不存在“没有错误”的软件的。其次，即使真的存在“没有错误”的软件，如果软件的测试人员想要证明“没有错误”，也需要在测试中穷举出该软件可能遇到的所有情况，并证明软件对每一种情况的应对都符合设计人员对它的预期。这从经济学角度来讲显然是不现实的，因为即使是十分简单的程序（如某一排序算法）也可能存在成千上万种的执行路径与输入 / 输出，恐怕没有哪一个软件的开发商能支持这种规模的软件测试工作。所以，如果读者想要真正地做好软件测试这项工作，首先要定义好工作的内容和要达成的目标，解决其中存在的主观愿望与客观成本之间的冲突问题。

而想要正确地定义软件测试的工作内容，读者首先需要对它有正确的理解。如果测试人员一开始就将这项工作定义为“证明软件的运行符合预期的过程”或者“向客户证明软件可靠的过程”，就会出现不符合科学现实的情况，就像前面说的，最终会走向证明软件“没有错误”的道路，成了不可能完成的任务。造成这种主客观冲突的主要根源在于，我们在心理上更倾向于执行具有建设性的任务，如程序员在开发软件时很自然地希望得到项目经理和客户的认可，所以行为上会下意识地去制造软件可靠且符合预期的表象。但软件测试的真正目标在于发现软件中还没有被发现的错误，或者所有人都没有预期到的情况，以便开发人员能继续提升软件的质量。换言之，软件测试本质上是破坏性任务，测试人员要做的实际上是类似于“鸡蛋里挑骨头”的工作。

想要让人们克服心理障碍，转而干“挑刺”工作，首先需要明确目标。具体来说，测试人员不能认为“没有发现错误”的测试是成功的测试，软件测试工作的目标是尽可能地找到软件中可以重现给其开发人员的错误。这就好像病人到医院看病，如果做了大量检查之后什么问题都没有找到，这显然不是一次成功的检查，毕竟只有找到病因，医生才能对症下药。只有怀揣这样的目标，测试人员才能确保自己不会在无意中做一个“老好人”，而会从一开始就铁了心做一个千方百计“刁难”待测软件的“坏人”。

综上所述，软件测试应该被定义成“为了发现错误而执行程序”的工作。

1.1.2 软件测试工作的分类

如果读者想要对软件测试这项工作建立全面的认知，除了理解软件测试工作的定义之外，还要了解在这项工作中可以执行哪些类型的测试。基本上，人们可以基于软件测试工作的各种不同目标和需求，在软件测试工作中执行如下测试。

- **单元测试。**单元测试通常是指对软件中的最小可测试单元进行检查和验证。至于“单元”的大小或范围，并没有明确的标准，“单元”可以是函数、方法、类、功能模块或者子系统。值得一提的是，人们往往将单元测试和白盒测试联系到一起，虽然从概念上来说，两者是有区别的，但单元测试和白盒测试通常都可被看作针对代码逻辑的测试，所以在某些语境下也可以认为这两者相同。
- **性能测试。**性能测试是指通过设计一些特定的测试用例来模拟多种正常、峰值和异常负载条件等，从而对系统的各项性能进行测试。负载测试和压力测试都属于性能测试，两者可以结合进行。负载测试可用于确定在各种工作负载下系统的性能，目标是测试当负载逐渐增加时系统各项性能的变化情况。压力测试是通过确定系统的瓶颈或者不能接受的性能点来测试系统能提供的最大服务级别的。
- **UI 测试。**在 UI 测试中，测试人员会通过设计一些特定的测试用例模拟用户在应用程序界面［如 CUI（Command User Interface，命令行界面）、GUI（Graphical User Interface，图形用户界面）或 Web 界面］上进行的单击 / 双击、键盘输入等交互操作。在该测试过程中，这些测试用例会将模拟操作得到的反馈与一般情况下的人机交互反馈进行对比，以便找出 UI 的设计缺陷。
- **接口测试。**接口测试是最常见的软件测试之一，它通常需要测试人员能够排除 GUI 的影响，并针对软件的功能进行测试。它是软件业务逻辑测试中非常关键的任务。通常在软件项目的早期，接口测试就会同步进行，以便随时找出代码中存在的各种错误。另外，由于接口测试不使用 GUI，因此它主要通过字符界面与测试人员进行交互。

关于上述类型的测试工作的具体执行方式，本书第 4 章会详尽介绍。在这里，读者只需要先对测试工作的分类有概念性认识即可。

1.1.3 软件测试工作的原则

在了解了测试工作中所要做的事情及其要达成的目标之后，读者接下来要考虑的就是如何做好一个铁了心要“刁难”待测软件的“坏人”了。如果我们想在测试工作中扮演好这种“坏人”的角色，就需要在工作实践中建立起一些基本原则，按照《软件测试的艺术》[①]这本书中的建议，我们可以归纳出如下工作原则。

- **程序员或开发团队应该避免测试自己编写的软件。**这很好理解，既然软件测试工作的本质是对待测软件进行各种“刁难”，那么自然要对自己的作品进行回避，否则很难保证测试结果不受测试人员的主观心理影响。
- **在测试用例中必须提出对软件输出或执行结果的预期。**或许很多人不相信，这个再正常不过的工作原则恰恰是软件测试工作中最常见的疏忽之一。这其实是心理学问题，即如果测试人员没有就测试用例在待测软件上得到的执行结果做出明确且清晰的预期，根据“所见即所想”现象，某个似是而非的、实际上是错误的结果就可能会下意识地被解释成正确的结论。而纠正这种下意识行为的一种方法，就是事先精确预期软件的输出，鼓励人们对所有的输出进行仔细检查。
- **每个测试用例的执行结果都应该得到充分的检查。**这也是一个显而易见但很容易被忽视的原则。我们经常会看到，即便某个错误的“症状”在测试用例的输出结果中已经清晰可见，测试人员也没有注意到这个错误的存在。
- **测试过程中不仅要考虑有效的数据和可以预期的执行结果，还要考虑无效的数据和预计不到的执行结果。**测试人员在测试软件时通常有一个很自然的倾向，即将测试重点集中在有效和可以预期的输入情况上，而忽略无效和无法预料到的情况。然而，软件产品在使用过程中发现的许多问题往往是在它们以某些新的或未预料到的方式运行时发现的。因此，针对未预料到的和无效输入情况的测试用例通常比针对可以预期的和有效输入情况的测试用例更具有价值。
- **测试过程中不仅要观察软件是否做了它该做的事情，还要关注它是否做了它不该做的事情。**这个原则是上一个原则的必然结果，必须检查软件是否有其开发者不希望出现的操作。例如，如果某个公司的工资管理系统可以为公司的每个

① 《软件测试的艺术》（*The Art of Software Testing*）是软件测试领域的经典著作，书中对软件测试的任务类型、测试用例的设计方法、测试策略等主题都有精彩且具体的论述，其中的许多经典论断至今仍被广泛引用。特别值得一提的是，此书仅 100 多页，非常适合专业人员每年精读一次，每次都会有新的感悟。

员工生成正确的工资单，我们就可以认为它做了该做的事情，但如果该系统为公司的非雇员也生成了相应的工资单，这就是一个不小的错误，测试人员的职责就是发现它做了这件不该做的事情。

- **测试人员使用的测试用例应该是可以重复执行的，测试用例的执行结果也应该是可以重现的。**这个原则也是非常重要且显而易见的，试想一下，如果测试人员精心设计的测试用例在他发现某个错误并提交报告之后就被丢弃了，那么一旦软件在完成修改之后需要重新测试，测试人员就必须重新设计这些测试用例。这不仅是对人力资源的巨大浪费，而且测试人员很难保证重新设计的测试用例能对上一次发现的已修改的错误进行确认。除此之外，软件的其他部分被修改之后，也可能导致已经被测试过的部分出现新的问题，因此需要对其进行回归测试，这也需要测试人员保留并重复执行使用过的测试用例。
- **在制订工作计划、开发测试用例时不能假设软件中不存在错误。**这是项目经理经常容易犯的一种错误，因为他们对测试工作有不符合科学规律的预期。也就是说，他们误以为测试是一个“证明程序能正确运行”的过程，但测试实际上是“为发现错误而执行程序”的过程。关于这两种认知的差异及其造成的影响，本书之前已经做了详细的说明，这里不再重复。
- **软件的某一部分中可能存在的实际错误数量通常与该部分中已经发现的错误数量成正比。**在各种类型的工程中，人们总会观察到错误同时出现的现象，软件工程也不例外，每个软件都免不了会出现几个出错频率很高的部分。尽管没有人能够对这种现象给出很好的解释，但这足以让测试人员积累某种工作经验。换言之，如果程序的某个部分远比其他部分更容易产生错误，那么测试人员就可以基于这种经验对这部分进行重点测试，以便让测试工作获得更高的成效。
- **明白软件测试是极富创造性的工作，它给程序员带来的挑战并不低于软件开发所带来的挑战。**也许很多人没有意识到一个事实，即测试大型软件所需要完成的创造性工作在很多情况下是超过该项软件开发工作的。想要充分地测试软件并确保所有错误都不存在几乎是不可能的。这意味着测试人员需要使用一系列特定的技术，并针对具体的软件设计出合理的测试用例集，而这显然需要测试人员完成大量的创造性工作。

除了上述基本原则之外，对于某些具体的测试工作来说，妥善利用自动化测试来提升测试的效率和质量是一个非常重要的工作原则，这让自动化测试成为测试人员必须学习的一项重要技能。这项技能如今在流行的敏捷开发、持续交付和持续集成等新型软件工程理念中有着至关重要的地位。下面我们继续了解实现自动化测试的意义，以及自动化测试的核心能力及其局限性。

1.2 自动化测试的实现

自动化测试实际上指的是利用计算机的自动化操作能力完成一些特定的测试任务，目的是解决人工执行的测试操作带来的各种效率和成本问题。具体来说，测试人员使用独立于待测软件之外的自动化测试脚本和其他软件工具，完成测试任务，并生成相应测试报告。在这个过程中，工程师会利用特定的软件工具记录用户操作，并在后续测试中重复这些操作，或通过编写测试用例的方式模拟人工测试。

1.2.1 实现自动化测试的意义

随着人们在生产环境中开发的软件系统在规模上越来越庞大，人们对这些软件系统进行测试也变得更加困难和复杂，这使传统的人工测试越来越难以胜任相关的工作。因此，测试人员越来越需要利用自动化测试技术克服传统测试技术的许多问题，在原则上，只要某一软件的测试流程是确定了的，实现针对它的自动化测试在理论上就具备一定的意义。毕竟这样做既可以从工作效率的角度快速执行一些重复但必须完成的测试工作，也可以从工作规模的角度来完成一些人工测试几乎不可能完成的任务。

当然，仅仅从理论上理解实现自动化测试的意义是不够的。毕竟，自动化测试本身会给软件项目带来高昂的成本，并且不是在所有情况下都具有良好的效果，所以还需要从实际生产需求的角度来理解为什么某些项目需要实现自动化测试，或者说这些项目在什么情况下才需要进行自动化测试。因为只有这样，读者才能在具体的测试工作中做到有的放矢，让自动化测试锦上添花，而不是画蛇添足。想要具有这种效果，我们需要明白一个项目是否该引入自动化测试取决于哪些因素。

首先，软件项目的开发时间毫无疑问是其中一个需要重点考虑的因素。如果一个软件测试项目要执行的只是一个短期任务，那么在这期间可能需要用相当长的时间来确定客户需求、编写测试用例等，实际留给测试工作的时间往往很少。在这种情况下，无论是从时间成本还是从工作效率的角度考虑，人工测试都绝对是第一选择。毕竟，项目可能连测试用例的设计工作都还没有完成，时间就过去了，且测试操作随时可能改变，在这种情况下，引入自动化测试显然是没有意义的。但是，一旦该项目变成了一个周期较长的测试任务，就可以考虑在其中引入自动化测试了。因为在这种情况下，测试用例的设计通常比较稳定，使用自动化测试对人工测试进行模拟就具有现实意义。

除了时间因素之外，我们还要考虑自动化测试所带来的实际开销和工作效率。通常情况下，自动化测试相对比较容易在大型软件企业的项目中得到实施，因为它们更有实力承担相关的成本，发挥出自动化测试技术的优势，并借助该优势来获得较高的投资回报率。这也意味着我们只有在以下几类项目中引入自动化测试，才能体现出它在软件工程中的真正价值。

- **产品型项目。**这类项目的特点是通常每次修改都只涉及少量的功能，但在整个项目周期中都必须反反复复地测试那些没有改动过的功能。在这种情况下，后一部分的测试完全可以让自动化测试来承担，同时对新增功能的测试也会慢慢地加入自动化测试当中。
- **采用增量式开发、持续集成的项目。**由于开发这类项目需要频繁地发布软件的新版本，因此需要频繁地进行对应的自动化测试，这样能把人力从中解脱出来以测试新的功能。
- **能够自动编译、自动发布的项目。**如果想要实现完全的自动化测试，软件项目就必须具有自动编译、自动发布的能力。当然，不具有这些能力的软件项目往往可以在人工干预的情况下进行自动化测试。
- **包含大量重复性、机械性操作的项目。**在这种情况下，测试人员最好的选择就是将这类烦琐的任务转化为自动化测试任务。毕竟，自动化测试非常适合执行需要多次重复的、机械性的操作，例如，向系统输入大量的相似数据来进行压力测试并生成相应的报表。
- **需要频繁执行某一测试任务的项目。**测试人员如果发现在一个项目中需要频繁地执行某一测试任务，且测试的周期按天计算，那么就应该最大限度地使将这一测试任务的执行自动化。

需要提醒读者的是，在考虑项目中引入自动化测试的意义时，千万不要将人工测试与自动化测试的关系对立起来。如今，有许多人误以为只要采用了自动化测试，项目中就不需要人工测试了，甚至认为实现自动化测试的意义就是有朝一日替代项目中所有的人工测试，这样做就本末倒置了。事实上，二者并不是对立的，人工测试的执行主体是人类，主要通过人为的逻辑判断验证当前的步骤是否正确，往往有较强的随机应变能力，但在测试步骤之间可能存在思维比较跳跃、缺乏稳定性之类的问题。而自动化测试的执行主体是自动化测试脚本，主要通过预先定义的逻辑规则验证当前的步骤是否正确，且自动化测试的测试步骤之间关联性强，不像人工测试那样能应对突发状况。由于两者在测试工作中是互补关系，因此优秀的测试工程师应该学会善用自己的技能，做好人工测试与自动化测试的分工。这就需要他们充分理解自动化测试的核心能力，以及这种能力的局限性。

1.2.2 自动化测试的核心能力及其局限性

从具体工作内容上来说，自动化测试的核心就是通过制定一套严密的测试法则和评估标准，从而定义出完整的自动化测试流程。也正因为如此，它才可以有效地避免测试工程师的某种惯性思维或迷信经验导致的测试疏漏。我们通过具体实例了解自动化测试在具体测试任务中的作用。

首先，让我们来看单元测试。这类测试的自动化是极限编程和性能驱动开发等新型开发方式的一个关键衍生，由它主导的开发过程通常被称为测试驱动开发。在这类开发活动中，单元测试的用例可以在开发人员编写完应用程序的业务代码之前就设计，并作为对这一部分业务目标是否被达成的一种判定。随着代码编写进度的不断推进，单元测试同步进行，代码中存在的缺陷也将被不断找出，并被持续纠正和完善。由于开发人员能够及时发现缺陷，然后立即做出改变，因此修复的代价大大减小，这种持续发展的开发方式比瀑布模型这类开发结束再测试的方式更可靠。正因为如此，在项目开发过程中使用单元测试框架实现自动化测试已经成为目前软件开发行业的一大趋势。

然后，介绍回归测试。如果读者之前做过一些软件测试工作，应该知道如果以人工测试的方式对大量的低级接口进行回归测试将是一件十分耗时的事情，况且通过这种方式寻找缺陷的效率非常低。而一旦这部分的测试实现了自动化，日后的测试工作将可以高效、循环地完成，很多时候这是针对软件产品进行长期回归测试的高效方法。毕竟，早期一个微小的补丁中引入的回归问题可能在日后导致巨大的损失。

当然，凡事都有局限性，事情做过了就会带来反面效果。尽管从整个软件开发周期来看，自动化测试可以节省软件开发活动的开支，但如果一味地追求将所有的测试工作完全自动化，那么自动化测试本身的实现有可能会在短期内给项目团队带来巨大的开销。毕竟，测试本身虽然可以实现“自动化”，但对测试脚本进行维护和编写仍然需要投入大量的人力。因此在实际生产环境中，测试人员会根据软件测试的具体需求采用人工测试和自动化测试相结合的方法来完成任务。通常情况下，一项测试工作的自动化需满足以下要求。

- **对测试用例的要求。**可自动化测试的测试用例大多是目标项目每次修改之后需要进行回归测试的重要部分。只有在这种情况下，对相关代码实现自动化测试才能有效地降低人工测试消耗的人力和物力。
- **对测试人员的要求。**由于在自动化测试的过程中测试用例和输出结果都是以代码的形式存在的，因此这就要求测试人员自身必须具备编程语言的使用能力。当然，某些自动化测试工具支持通过关键词指定测试步骤，因此免除了编写程序的过程，在这种情况下测试人员就不需要掌握编程技术。
- **对项目团队的要求。**是否要对测试过程实现自动化，最终取决于开发目标项目的团队是否真的需要自动化测试。这需要项目团队的管理者根据要被测试的目标系统、测试工作的规模和种类、可使用的测试工具、人员和组织的工作重心等因素进行综合考虑来做出决策。

对于上述要求中的最后一项，如果读者是某个项目团队的管理者，就需要具体了解究竟有哪几种测试是可以实现自动化的，只有这样才能根据项目进行回归测试的必要性、经济因素、被测系统成熟度等来做出决定。通常来说，以下类型的项目应该是不适合引入自动化测试的。

- **一次性定制的项目。**对于这种为客户一次性定制的项目，因为维护期的工作由客户承担，甚至采用的开发语言、运行环境也是客户特别要求的，即公司在这方面的测试积累很少，所以这样的项目不适合引入自动化测试。
- **项目周期很短的项目。**如果项目周期很短、测试周期很短，就不值得花精力去投资自动化测试。对于好不容易建立起的测试脚本，不能得到重复利用是一种浪费。
- **业务规则复杂的项目。**业务规则复杂的项目往往存在很多逻辑关系、运算关系，它们是很难使用自动化测试技术来进行测试的。
- **功能与人类感官相关的项目。**与 UI 的美观、声音的体验、易用性相关的项目通常只能进行人工测试。
- **测试任务很少的项目。**如果测试任务很少，就没有必要进行自动化测试，不然就是一种浪费。自动化测试要执行的是那些需要不厌其烦、反反复复测试的项目。

- **尚未达到稳定状态的项目。**如果软件项目的运行状态本身还不稳定，那么这些不稳定因素大概率会导致自动化测试失败。只有软件项目的运行达到相对稳定的状态、没有界面性严重错误和中断错误，才能开始自动化测试。
- **涉及物理设备交互的项目。**如果软件项目在运行过程中需要与其他物理设备进行交互，如刷信用卡操作，那么其很难引入自动化测试。

1.3 自动化测试的学习路线

在了解自动化测试的基本概念、核心能力及其局限性之后，我们就可以具体规划进入这一领域的学习路线了。建议如下：首先，了解在进行软件测试工作时所需要的基础知识，主要内容包括软件测试的基本策略、用例设计方法等；其次，掌握一两门在软件测试工作中需要使用的编程语言及其相关工具，如 Java、Python、Ruby、JavaScript 等；最后，掌握一两款当今主流自动化测试框架的使用方法。本节将基于本书后续内容给出一些更具体的学习建议，以供读者参考。

1.3.1 了解软件测试的基本策略

在学习软件测试的基础知识方面，除了之前提到的测试任务分类之外，我们还需要对测试要采取的策略有所了解。例如，人们经常提到的黑盒测试和白盒测试就是两种基本的测试策略。下面让我们来了解一下它们。

- **黑盒测试。**这类测试策略有时也称为数据驱动的测试或输入 / 输出驱动的测试。在该策略之下，测试人员会将待测软件看作某种黑盒，并根据该软件开发者提供的用户手册对其进行测试，以便找出软件的输入 / 输出中不符合用户手册的部分。在这种情况下，测试工作与软件内部的具体实现方式完全无关，其测试用例设计的依据主要是用户手册中制定的输入规范。换言之，如果测试人员想单纯依靠这种测试策略找出待测软件中的所有错误，就需要穷举用户手册允许的所有输入。
- **白盒测试。**这类测试策略有时也称为逻辑驱动的测试。在该策略之下，测试人员会将待测软件看作透明的盒子，并基于该软件内部构造对其进行测试，以便找出软件在业务逻辑实现上的错误。在这种情况下，测试工作与软件内部构造的具体实现方式息息相关，其测试用例设计的依据主要是测试人员对软件代码的审阅。

换言之，如果测试人员想单纯依靠这种测试策略找出待测软件中的所有错误，就需要穷举该软件源代码中每一种可能的执行路径。

很显然，在生产环境中，无论是穷举输入还是穷举执行路径都是不现实的，因此在实际设计测试用例时，我们通常只会根据要测试的对象和具体的测试需求搭配使用以上两种策略，这需要测试人员在工作实践中不断总结经验并修正解决方案。以下就是常见的 4 种解决方案。

- **等价类划分法。**在该解决方案中，测试人员会倾向于预先设定若干输入域的集合，相同集合中的每个输入条件都将被视为等效的，如果其中一个输入条件不能导致问题产生，那么用同一集合中的其他输入条件也不太可能在测试中发现错误。这其实是基于黑盒测试来设计的一种解决方案，它在一定程度上规避了穷举输入的必要性。
- **边界值分析法。**该解决方案的理论基础是假定大多数的错误发生在各种输入条件的边界上，如果在边界附近的取值不会导致程序出错，那么其他的取值导致程序出错的可能性也很小。这也是基于黑盒测试来设计的一种解决方案，它在很大程度上减少了要测试的输入数量。
- **判定表法。**判定表是分析和表达多种输入条件下系统执行不同动作的工具，它可以把复杂的逻辑关系和多种条件组合的情况表达得既具体又明确。显而易见，这是基于白盒测试设计的一种解决方案，它实际上实现了对源代码执行路径的分组测试。
- **流程分析法。**在该解决方案中，测试人员会将软件系统的各种流程看成其源代码的执行路径，然后使用路径分析的方法设计测试用例。流程分析法根据各种流程的顺序对其进行组合，使流程的各个分支能够遍历。显然，这是另一种基于白盒测试设计的解决方案，它能有效地减少要测试的代码的执行路径。

关于测试用例的设计，本书第 4 章结合不同类型的测试任务详细介绍。在这里，读者只需要对软件测试的基本策略有概念性认识即可。

1.3.2 掌握要使用的编程语言

虽然在自动化测试领域测试人员可以使用的编程语言包括 Java、Python、Ruby、JavaScript 等，但考虑时下市场上常用的第三方框架和集成化测试工具，Python 无疑是其中最经济也是最实用的选择之一，所以本书选择 Python 语言作为实现自动化测试的主要工具。这就意味着，如果读者想要很好地学习本书后续章节探讨的各种主题，那么掌握 Python 语言的基本语法及其标准库的使用方法是先决条件。本书会假定读者已经掌握了这门语言的基本使用方法，“掌握”的判定标准如下。

首先，要能正确地安装和配置 Python 运行环境，掌握这一能力的判定标准是读者能在自己的计算机中顺利地执行以下“Hello Python!”程序。

```
#! /usr/bin/env python
def main():
    print("Hello Python!")

if __name__=='__main__':
    main()
```

其次，读者需要掌握 Python 语言的标准语法，包括灵活运用各种表达式语句、条件语句、循环语句等，以及会使用标准库提供的各种数据类型和数据结构。掌握它的判定标准是能理解并复述以下代码中实现的 4 种排序算法，并能正确地调用它们。

```
#! /usr/bin/env python
import random

def radixSort(coll, length):
    if(coll==[]): return []
    for d in xrange(length):
        LSD=[[] for _ in xrange(10)]
        for n in coll:
            LSD[n/(10**d)%10].append(n)
        coll=[tmp_a for tmp_b in LSD for tmp_a in tmp_b]
    return coll

def insertSort(coll):
    if(coll==[]): return []
    for i in range(1,len(coll)):
        j=i
        while j>0 and coll[j-1]>coll[j]:
            coll[j-1], coll[j]=coll[j], coll[j-1]
            j-=1
    return coll
```

```
def shellSort(coll):
    if(coll==[]): return []
    size=len(coll)
    step=size/2
    while(step>=1):
        for i in range(step, size):
            tmp=coll[i]
            ins=i
            while(ins>=step and tmp<coll[ins - step]):
                coll[ins]=coll[ins-step]
                ins-=step
            coll[ins]=tmp
        step=step/2
    return coll

def quickSort(coll):
    if(coll==[]): return []
    return quickSort([x for x in coll[1:] if x<coll[0]])+
        coll[0:1]+quickSort([x for x in coll[1:] if x>=coll[0]])
```

最后，在理想的情况下，读者还应该具备针对某一特定任务导入相关的标准模块或第三方库，并编写自动化测试脚本的能力。例如，能理解并编写下面这段实现 Git 提交操作的自动化测试脚本。这种能力也是读者在后续章节中学习编写测试用例的基础。

```
#! /usr/bin/env python
import os
import sys
import time
if (not len(sys.argv) in range(2, 4)):
    print("Usage: git_commit.py <git_dir> [commit_message]")
    exit(1)
title="=    Starting " + sys.argv[0] + "......    ="
n=len(title)
print(n*'=')
print(title)
print(n*'=')
os.chdir(sys.argv[1])
print("work_dir: " + sys.argv[1])
```

```
if (len(sys.argv)==3 and sys.argv[2] != ""):
    commit_message=sys.argv[2]
else:
    commit_message="committed at " + time.strftime("%Y-%m-%d",
    time.localtime(time.time()))

os.system("git add .")
os.system("git commit -m '"+ commit_message + "'")

print("Commit is complete!")

print(n*'=')
print("=     Done!" + (n-len("=     Done!")-1)*' ' + "=")
print(n*'=')
```

如果读者在基于以上判定标准的自我检验中遇到了一些绕不过去的障碍，建议读者先补习 Python 语言的基本使用方法。为了解决这方面的问题，本书第 2 章中特别设置了一个专题教程，希望它能帮助读者快速上手这门语言。总而言之，读者只有掌握了 Python 语言，才能更好地适应后续章节的学习与实践，以便实现最好的学习效果。

1.3.3 学习自动化测试框架

自动化测试框架泛指某种为特定产品设置一系列特定测试规则并自动执行这些规则的集成系统。这套系统中通常整合了各种用于测试的函数库、测试数据集、元数据和可重用模块等。将它们按照测试需求组合起来便可以得到完整的、针对特定功能或应用场景的测试用例。自动化测试框架为自动化测试提供基础，并简化自动化测试的工作流程。

在面向 Web 应用程序的自动化测试工作中，Selenium 和 Robot Framework 这两个框架是当前软件测试工程师的主流选择。其中，Selenium 框架是时下在 Web 领域中最常用的自动化测试工具之一，它能帮助测试人员快速开发出自动化测试用例，且跨平台、跨编程语言（如 Java、Python），支持在多种浏览器上开展测试工作。该框架的学习曲线比较平缓，对于编程经验不是很丰富的测试人员来说，使用 Python、Selenium 这一组合工具是一个很好的选择。

而 Robot Framework 框架则是一款更通用的、可扩展的、支持关键字驱动的自动化测试框架，通常被专业的测试工程师用于端到端的验收测试，如用于验收测试驱动开发的成果，或者用于测试分布式异构应用程序的各种接口。该框架的优势主要在于关键字驱动测试可以重复利用，易扩展，支持生成 HTML（HyperText Markup Language，超文本标记语言）格式的测试报告，有庞大的测试库等。但它也存在着一些界面操作的共性问题，它在测试用例过于庞大时会产生界面卡顿的现象，并引发一些缺陷，如在导入测试库时会遇到界面卡死的情况。

基本上，只要很好地掌握了 Selenium 和 Robot Framework 这两个框架，那么无论是进行主流的、基于 Web 界面的自动化测试，还是面向其他 UI 的自动化测试，读者都能够获得一定的实践经验并能够举一反三。例如，在 Android 和 iOS 平台下进行自动化测试的 Appium 框架的使用方法与 Selenium 框架的是大同小异的。关于快速学习第三方框架的具体方法，本书第 3 章会详尽介绍。

第2章 Python 快速入门

在软件测试领域，人们学习编程语言的目的通常有两个：第一个是审阅待测软件的源代码，这是测试人员能基于白盒测试设计测试用例的基础；第二个是设计可重复使用的测试用例，这是测试人员实现自动化测试的基本技能。无论是出于其中的哪一个目的，都建议读者选择一种兼具表达能力与可读性的、可以快速上手的编程语言来学习。在时下流行的主要编程语言中，Python 无疑具备上述特点，它支持函数式、指令式、结构化和面向对象编程等编程范型，且拥有强大的动态类型系统和垃圾回收功能，能够自动管理内存使用情况，并且其本身拥有巨大而广泛的标准库。这些特性可以帮助读者在执行不同规模的测试时编写出思路清晰并且合乎业务逻辑的代码。

在后文中，本书在探讨各种自动化测试主题时会选择以 Python 语言及其相关的框架为工具演示各种实例。所以，在正式进入这些主题的探讨之前，读者要确定自己已经在一定程度上掌握了这门编程语言。如果读者已掌握 Python 的基本用法，就可以跳过本章，直接进入第 3 章的学习。但如果读者在自我检测中遇到了一些绕不过去的障碍，本章将为读者提供一份 Python 语言的快速入门教程。希望读者在阅读完本章之后能够：

- 安装并配置 Python 语言的运行环境与相关的编程工具；
- 熟练掌握 Python 语言的基本语法及其标准库的使用方法；
- 熟练掌握 pip 包管理器的配置方法并使用它安装第三方库。

2.1 编程环境

正所谓“工欲善其事，必先利其器”，虽然 Python 属于跨平台的编程语言，但这种跨平台的特性是依靠一种被称为运行环境（又称运行时系统）的中间件来实现的。而由于运行环境本身是与平台相关的，因此在正式开始学习 Python 这门编程语言之前，我们的首要任务就是根据自己的计算机所用的平台安装该语言的运行环境，并配置用于审阅和编辑源代码的编程与调试工具。

2.1.1 安装 Python

要想发挥好 Python 这类编程语言的跨平台特性，首先要做的就是安装并配置该语言的运行环境。本节介绍安装 Python 的具体方法。

如果读者选择使用 APT/YUM 这类包管理器来安装 Python，那么通常不需要根据自己所用设备的 CPU 架构与操作系统来选择要安装的软件包。但这种方式通常以 shell 命令的方式实现，这就意味着读者必须了解各种操作系统使用的包管理器，以及这些包管理器在安装该运行环境时所需要执行的 shell 命令。

在 Ubuntu 等以 Debian 项目为基础的 Linux 发行版中，我们使用的是 APT 包管理器，我们可以根据自己的需求选择 Python 2.x/3.x。在本书中，我们选择 Python 3.x，其安装命令如下。

```
sudo apt install python3 python-is-python3
```

在 CentOS、Fedora 等以 Red Hat 项目为基础的 Linux 发行版中，我们使用的是 YUM 包管理器，该包管理器中的 Python 3.x 是比较旧的，这里安装的是 Python 3.6，其安装命令如下。

```
sudo yum install python36 python36-setuptools
sudo easy_install pip  # 关于 pip，我们稍后会详细介绍
```

在以 Arch Linux 项目为基础的 Linux 发行版中，我们使用的是 pacman 包管理器，它安装 Python 3.x 的命令如下。

```
sudo pacman -S python3
```

在 macOS 中，通常自带 Python 2.x 的运行环境，但我们也可以使用 Homebrew 包管理器来安装 Python 3.x，安装命令如下。

```
brew install python3
```

在 Windows 7 以上的 Windows 操作系统中，我们也可以使用 Scoop 包管理器来安装软件，安装 Python 3.x 的命令如下。

```
scoop install python
```

如果读者选择在 macOS 或 Windows 这样的图形化操作系统中根据向导安装 Python，那么需先找到并下载与自己所用设备的 CPU 架构和操作系统相匹配的二进制安装包（在 Windows 操作系统中通常是 .exe 文件，在 macOS 中则是 .img 文件），然后启动它的向导来完成相关的安装操作。在 Windows 操作系统中，Python 3.x 的主要安装步骤如下。

（1）访问 Python 官方网站的下载页面，如图 2-1 所示，并根据自己所用设备的 CPU 架构及其所运行的 Windows 操作系统版本，下载相应的二进制安装包（例如，单击 Python 3.11.2 版本的下载链接 Windows embeddable package(64-bit)）。

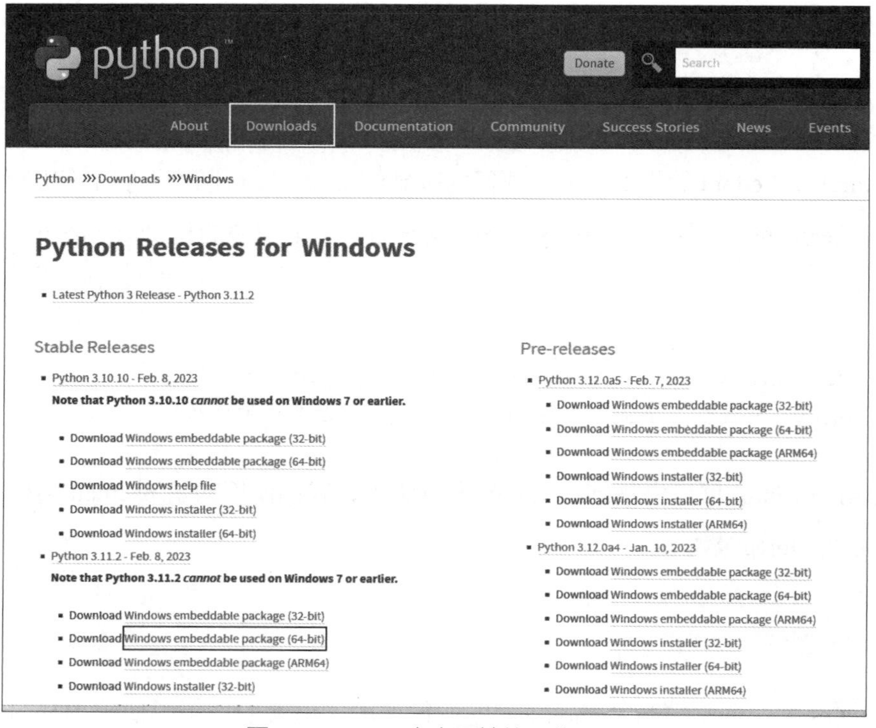

图 2-1　Python 官方网站的下载页面

（2）以系统管理员的身份打开下载的安装包以便启动 Python 安装向导，如图 2-2 所示。在图 2-2 所示的界面中，要先勾选“Add python.exe to PATH”复选框，然后单击“Customize installation”选项。这个选项用于将 Python 加入系统的 PATH 环境变量中，这样以后就可以直接在操作系统的命令行终端中使用 Python 了，否则读者在后面的操作中可能需要在该环境变量中手动添加路径。

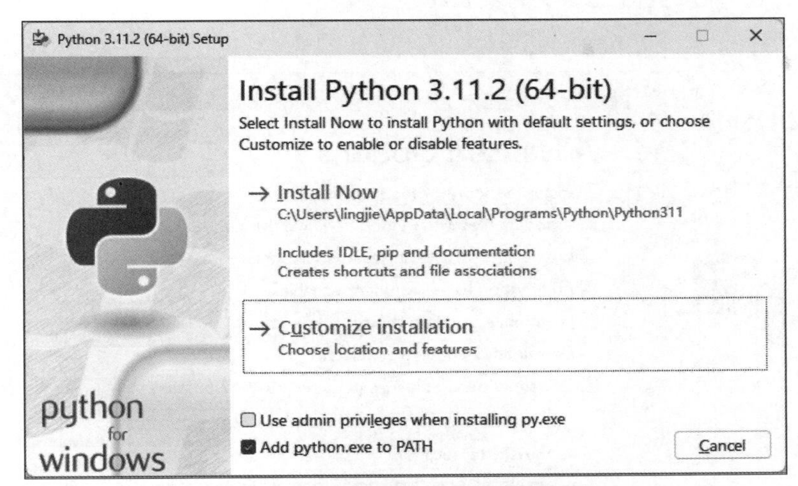

图 2-2　Python 图形化安装向导界面

（3）在安装组件选择界面（见图 2-3）中，选择要安装的 Python 组件，其中，“Documentation”表示安装 Python 的帮助文档，“pip”表示安装 Python 的第三方包管理器，“tcl/tk and IDLE”表示安装 Python 的集成开发环境，“Python test suite”表示安装 Python 的标准测试套件，最后两个选项则表示是否要自动识别 py 扩展名和是否针对所有用户进行安装。在这里，建议读者勾选该界面上列出的所有复选框，然后单击“Next”按钮，继续下一步的安装设置。

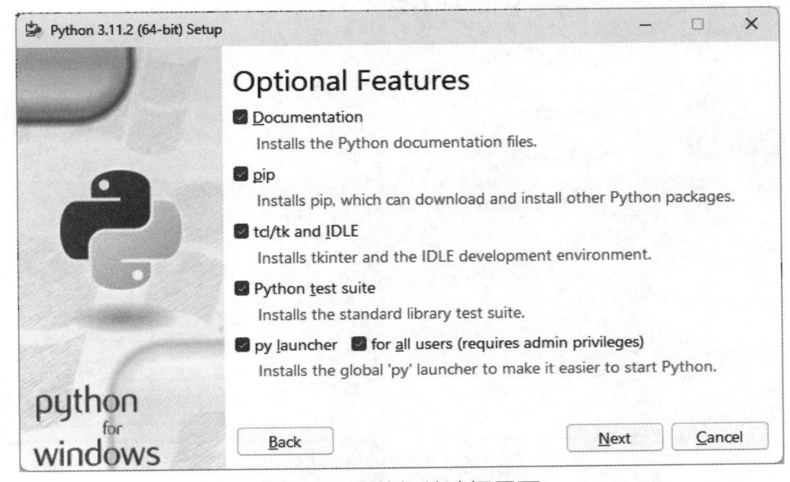

图 2-3　安装组件选择界面

（4）在设置安装路径界面（见图 2-4）中，设置 Python 的安装路径，在通常情况下只需要保持该界面上所有已勾选的默认选项不变即可。当然，读者也可以选择单击“Browse”按钮，并设置自己想要的安装路径。

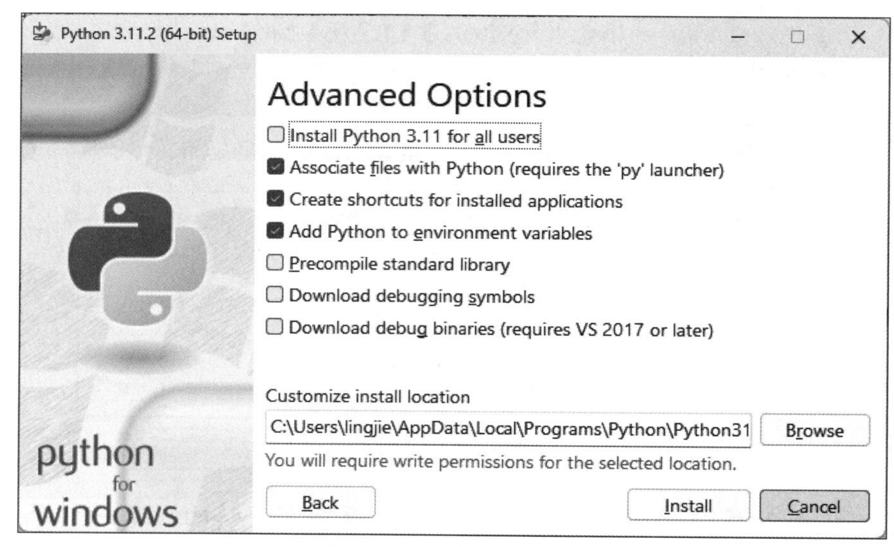

图 2-4　设置安装路径界面

（5）单击“Install”按钮，正式开始进行 Python 的安装。读者只需观察图 2-5 所示的安装进度界面，直至完成安装即可。

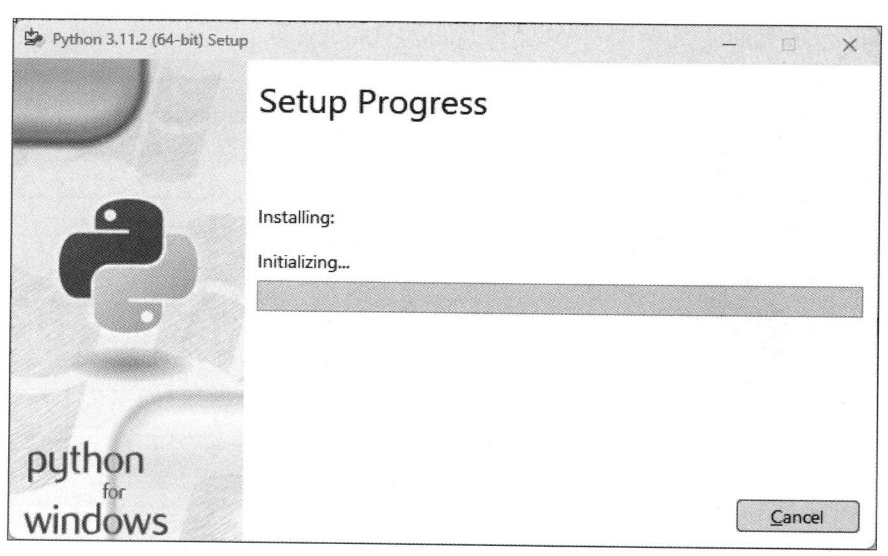

图 2-5　安装进度界面

（6）待上述安装过程完成之后，我们就会看到图 2-6 所示的安装过程结束界面。安装过程顺利完成后，通过单击“Close”按钮退出安装向导。

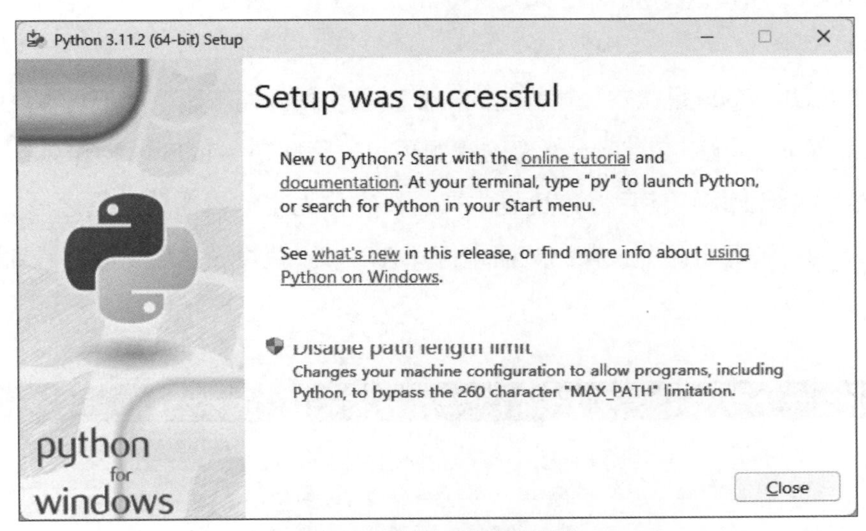

图 2-6　安装过程结束界面

最后，如果读者想验证 Python 运行环境是否安装成功，就只需要在自己所用的操作系统中打开 shell 终端，例如，打开 Windows 操作系统下的 PowerShell 或命令行窗口，或者类 UNIX 操作系统下的 Bash、Fish 等终端模拟程序，并在其中执行 `python --version` 命令。如果看到图 2-7 所示的版本信息，就证明已经成功安装了 Python。

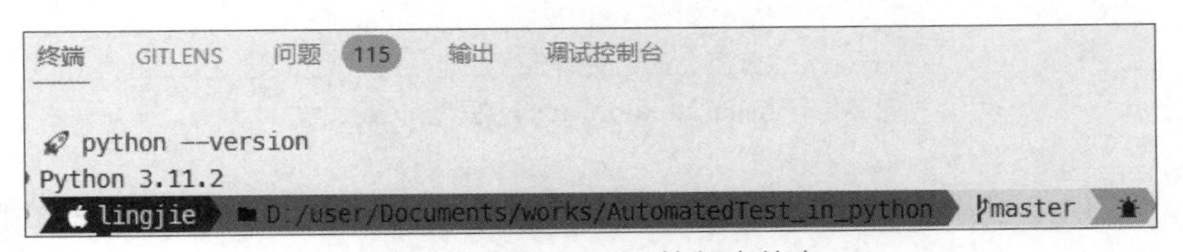

图 2-7　查看 Python 的版本信息

2.1.2　配置编程工具

从理论的角度来说，要想编写基于 Python 语言及其运行环境的应用程序，通常只需要使用任意一款纯文本编辑器就可以了。但在具体的项目实践中，为了利用代码的语法高亮与智能补全等功能获得好的编写体验，并能方便地使用各种强大的程序调试工具和版本控制工具，程序员通常会选择一款专用的代码编辑器或集成开发环境来完成项目开发。在本书中，建议使用 Visual Studio Code 编辑器来构建所有的项目。接下来，将简单介绍这款编辑器的安装方法，以及如何将其打造成一款可用于开发 Python 应用程序的编程工具。

Visual Studio Code 是微软公司推出的一款现代化代码编辑器，由于它本身就是一个基于 Node.js 运行环境和 Electron 框架的开源项目，因此在 Windows 操作系统、macOS 和 Linux 操作系统上均可使用（这也是本书选择它作为主编辑器的原因之一）。Visual Studio Code 的安装非常简单，在浏览器中打开其官方下载页面之后，就会看到图 2-8 所示的内容。

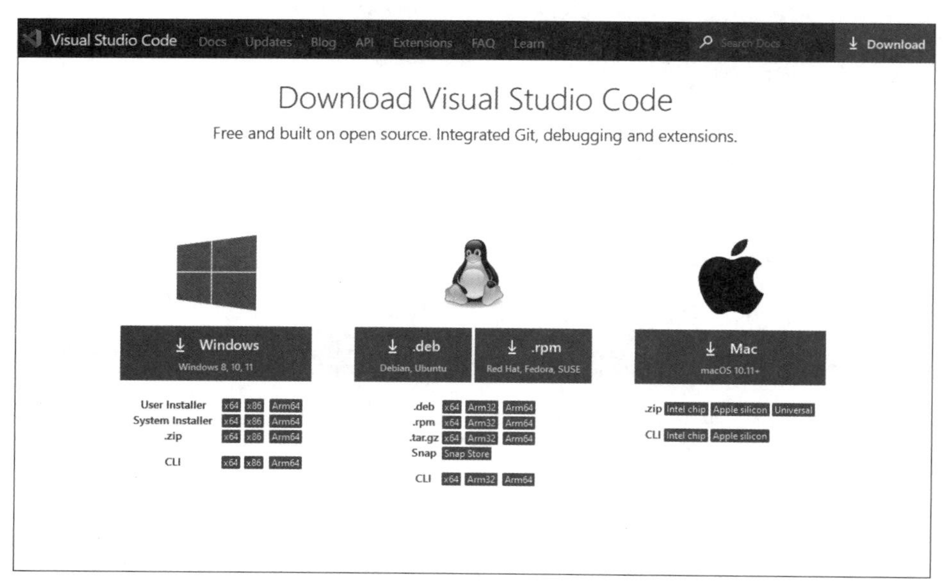

图 2-8　Visual Studio Code 的官方下载页面

然后，根据自己所用的操作系统，下载相应的安装包。待下载完成之后，我们就可以打开安装包来启动它的安装向导了。在安装的开始阶段，安装向导会要求用户设置一些选项，如选择程序的安装目录、是否添加相应的环境变量（如果读者想从命令行终端中启动 Visual Studio Code，就需要激活这个选项）等。大多数时候只需采用默认选项，并一直单击“Next”按钮就可以完成安装。接下来的任务就是将其打造成可用于开发 Python 应用程序的工具。

Visual Studio Code 的强大之处在于它有非常完善的插件生态系统，读者可以通过安装插件的方式将其打造成面向不同编程语言与开发框架的集成开发环境。在 Visual Studio

Code 中安装插件的方式非常简单，只需要打开该编辑器的主界面，然后在其左侧纵向排列的按钮中找到“扩展”按钮并单击，或者直接在键盘上按 Ctrl + Shift + X 快捷键，就会看到图 2-9 所示的 Visual Studio Code 的插件安装界面。

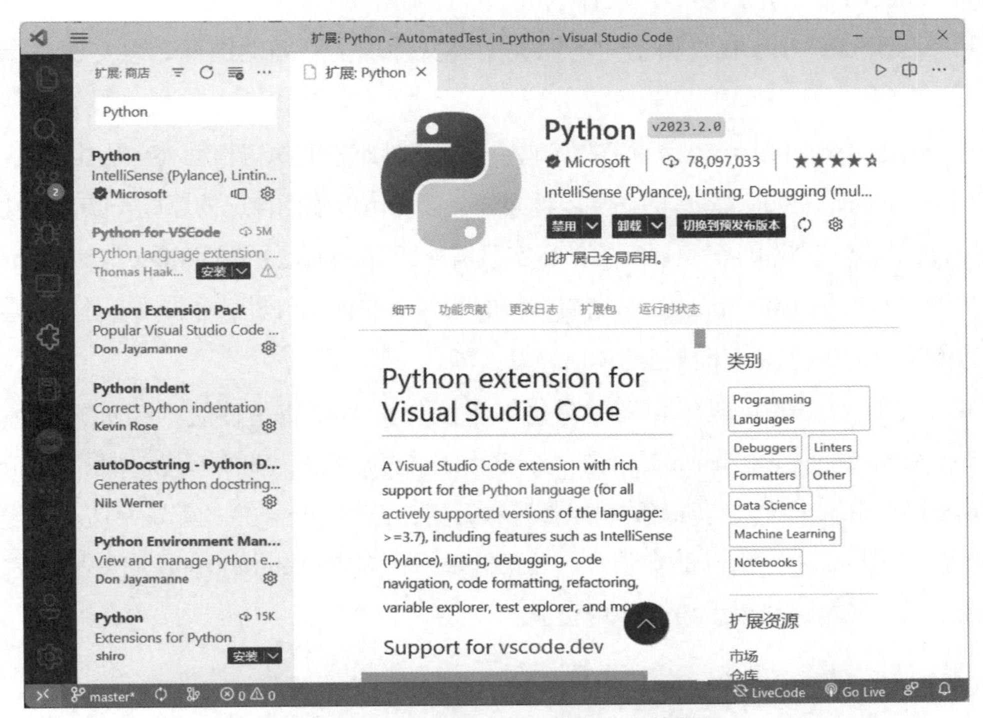

图 2-9 Visual Studio Code 的插件安装界面

根据开发 Python 应用程序的需求，建议安装以下插件（但并不局限于这些插件）。

- **Python extension for Visual Studio Code**：由 Microsoft 官方发布并维护，提供代码分析、高亮、规范化等一系列方便程序员编写 Python 代码的基本功能。
- **LiveCode for python**：支持在不运行 Python 代码的情况下实时展示代码中所使用的每一个变量值，能够识别 `print()` 并自动输出，这种交互式的编程对初学者可能更友好。
- **python snippets**：可以让我们的 Python 编程更加高效，且包含大量的内置方法，以及 `string`、`list`、`sets`、`tuple`、`dictionary`、`class` 等代码段，并且为每个代码段至少提供一个示例。
- **Python Indent**：如果读者不太满意 Visual Studio Code 为 Python 代码所做的自

动缩进格式，可以利用这个插件来获得更好的编程体验。

- **Pip Manager**：能够很好地帮助我们在 Visual Studio Code 中管理编写 Python 代码时用到的第三方库。
- **GitLens**：用于查看开发者在 Git 版本控制系统中的提交记录。
- **vscode-icons**：用于为不同类型的文件加上不同的图标，以方便进行文件管理。
- **Path Intellisense**：用于在代码中指定文件路径时执行自动补全功能。

当然，Visual Studio Code 的插件多种多样，读者可以根据自己的喜好安装其他功能类似的插件，只要这些插件满足后面的项目实践需求即可。除此之外，Atom 与 Sublime Text 这两款编辑器与 Visual Studio Code 有着类似的插件生态系统和使用方法，读者如果喜欢，也可以使用它们来打造属于自己的项目开发工具。

除了上述专用的代码编辑器之外，如果读者更习惯使用传统的集成开发环境，JetBrains 公司旗下的 PyCharm 无疑是一个不错的选择。它在 Windows 操作系统、macOS 和 Linux 操作系统上可做到所有的功能都开箱即用，无须进行多余的配置，这对初学者来说是比较友好的。PyCharm 的安装方法非常简单，读者在 Web 浏览器中打开它的官方下载页面之后，就会看到图 2-10 所示的页面。

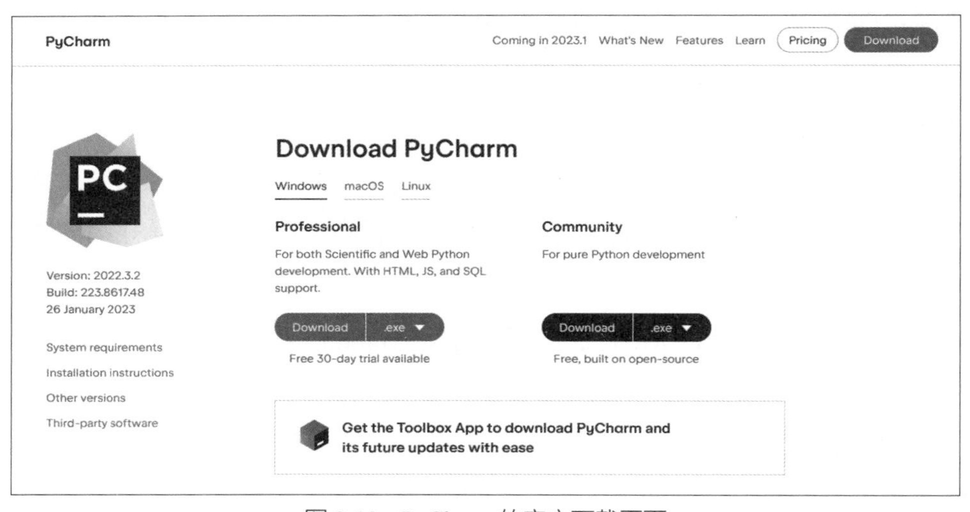

图 2-10 PyCharm 的官方下载页面

同样，在下载页面中，根据自己所用的操作系统，下载相应的安装包，待下载完成之后就可以打开安装包来启动它的安装向导。在安装的开始阶段，安装向导会要求用户设置一些选项，如选择程序的安装目录、是否添加相应的环境变量、关联的文件类型等，我们在大多数时候只需采用默认选项，并一直单击“Next”按钮就可以完成安装了。令人遗憾的是，PyCharm 的专业版并不是一款免费的软件，而免费的社区版在功能上则多多少少受到一些限制。考虑程序员在实际工作中的各种可能的需求及其所带来的相关开销等因素，建议大家尽可能地选择开源软件。

2.1.3 “Hello Python!”程序

现在，为了验证自己已经成功配置了使用 Python 语言的编程工具，就需要尝试使用这些工具来编写 Python 版本的“Hello Python！”程序，看看它能否在当前计算机上成功运行起来。编写该程序的具体步骤如下。

（1）在计算机上创建一个用于存放示例代码的目录（本书所有的示例代码都存放在“配套资源\示例代码”目录中），并在该目录中创建一个名为 01_HelloPython 的目录，作为本书第一个程序的存放目录。

（2）使用 Visual Studio Code 打开 01_HelloPython 文件夹，并在该文件夹中创建一个名为 main.py 的文件作为本示例代码的程序入口文件，在其中编写如下代码。

```
#! /usr/bin/env python
'''
  Created on 2023-3-1
@author: lingjie
@name : 01_HelloPython
'''
def main():
    print("Hello Python!")
if __name__=='__main__':
    main()
```

（3）保存上述文件，打开 Visual Studio Code 中集成的终端并切换到 01_HelloPython 文件夹，然后执行 `python main.py` 命令，运行这个程序。如果该程序在终端输出了图 2-11 所示的运行结果，就说明已经成功配置了使用 Python 语言的编程工具。

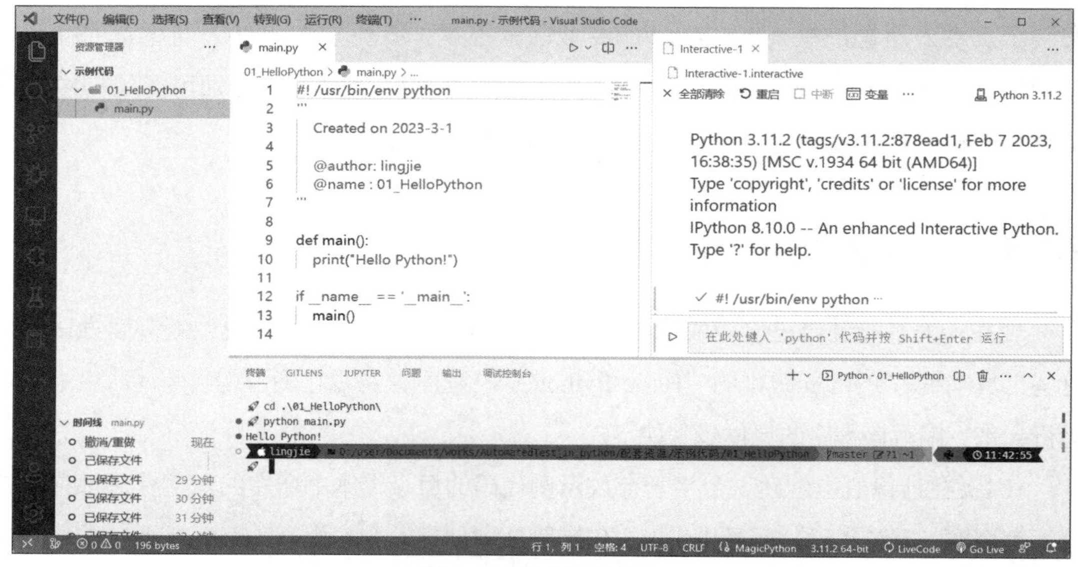

图 2-11　程序运行结果

2.2　基本语法

自 *The C Programming Language*（《C 程序设计语言》）这本程序设计领域的经典教程问世以来，在命令行终端输出“Hello World！”已经成为人们学习一门新的编程语言或者测试其相应编程工具的第一个演示程序。这样做不仅可以让读者对要学习的编程语言及其执行程序的方式有整体的印象，还可以为学习基本语法提供切入点。接下来将正式介绍 Python 版本的“Hello Python！”程序。在该程序中，读者首先看到的是 6 行注释信息，因此让我们先从简单的注释语法开始。

2.2.1　为代码编写注释

在通常情况下，程序员编写注释的目的是让其他阅读代码的人能更好地理解自己的设计意图，这对代码的后期测试和维护工作有着非常重要的意义。在 Python 中，注释主要有以下两种形式。

- **以“#”开头的单行注释。**这种形式的注释可以在代码的任意地方以“#”开头编写注释信息，直至其所在行结束为止，具体如下。

```
# Python 支持加法运算
x=7
y=8
z=x+y # 请问 z=?
```

- **用 3 个单引号括起来的多行注释。**这种形式的注释可以在代码的任意地方以“'''”开头编写注释信息，然后以另一个“'''”结束。由于这种形式的注释可以包含换行符，因此通常用于多行注释，具体如下。

```
'''
演示 Python 中的加法运算
涉及变量 x、y、z
'''

x=7
y=8
z=x+y
print("z=", z)
```

注释存在的目的是说明相关代码的设计意图，提高代码的可读性，方便日后的测试与维护工作。在上面这些示例代码中，我们用注释说明它们用于演示 Python 中的加法运算，并涉及 x、y、z 这 3 个变量。当然，编写这种画蛇添足式的注释实际上并不值得鼓励。因为程序员必须考虑 Python 本身就是一门用于表达信息的语言，除了让计算机按照它的意图正确执行程序之外，它还有让使用这门语言的人看懂它的意图。注释的作用只是辅助说明，而不是充当 Python 自身的翻译。换言之，读者应该尽量用代码本身来表达它所要表达的意图，而不是处处都借助注释。

除了表达代码的意图之外，注释还有一个作用，即在调试过程中临时暂停某一行代码。例如，如果在执行下面这几行代码的时候发现自己的终端不能显示中文，那么为了确定这不是代码本身的问题，许多程序员可能会选择像下面这样的方法，临时注释中文的输出，然后增加一行英文的输出。利用注释语法来临时暂停要执行的代码，是一种很常用的代码调试方法。

```
name="lingjie";
# print(" 你好 ", name);
print("Hello ", name);
```

2.2.2 函数及其作用域

接下来继续讲解之前的“Hello Python!”程序。读者在看完该程序的注释说明之后，紧接着看到的是一个用 def 语句定义的函数。在 Python 中，函数定义的语法格式如下。

```
def [ 函数名称 ]:
    [ 函数主体 ]
```

具体到“Hello Python!”程序中，就是定义一个 [函数名称] 为 main() 的函数，其 [函数主体] 只有一条用于输出信息的 print() 方法的调用语句。与 C/C++/Java 这类语言相比，Python 语言最大的特色之一是不使用大括号，而是使用文本缩进格式来表示不同的作用域。因此，读者可以看到 [函数主体] 所在的作用域相对于 def 语句存在一个缩进。需要注意的是，虽然在语法规则上定义作用域的缩进所使用的空格数是可变的，但同一级作用域使用的缩进必须保持相同的空格数，否则会出现运行错误。

而在同一个作用域内，程序员通常可以使用独立的变量名字空间（namespace），可以在其中定义多个局部变量，并编写多行语句来执行与这些变量相关的操作，完全不必担心自己使用的变量名与某个全局变量冲突。另外，在 Python 中，通常一个逻辑行代表一条独立的语句。如果某一条语句因过长而影响了代码的可读性，代码编辑器会对其进行自动换行，但它在 Python 运行环境看来依然属于同一逻辑行。例如，我们可以对之前的“Hello Python!”程序做一些修改，让它输出的内容更丰富一些。

```
#! /usr/bin/env python
'''
  Created on 2023-3-1
@author: lingjie
@name : 01_HelloPython
'''
```

```
def main():
    message="This is an object-oriented,open-source programming
    language often used for rapid application development.Python's
    simple syntax emphasizes readability,reducing the cost of program
    maintenance, while its large library of functions and calls encourages
    reuse and extensibility."

    print("Hello Python! \n", message)

if __name__=='__main__':
    main()
```

上述代码的执行结果如图 2-12 所示，我们在 main() 函数的作用域中新增了一个名为 message 的变量，给它赋值了比较长的字符串。虽然编辑器将其自动换行成多行内容，但是它们在逻辑上依然被视为同一行内容输出。

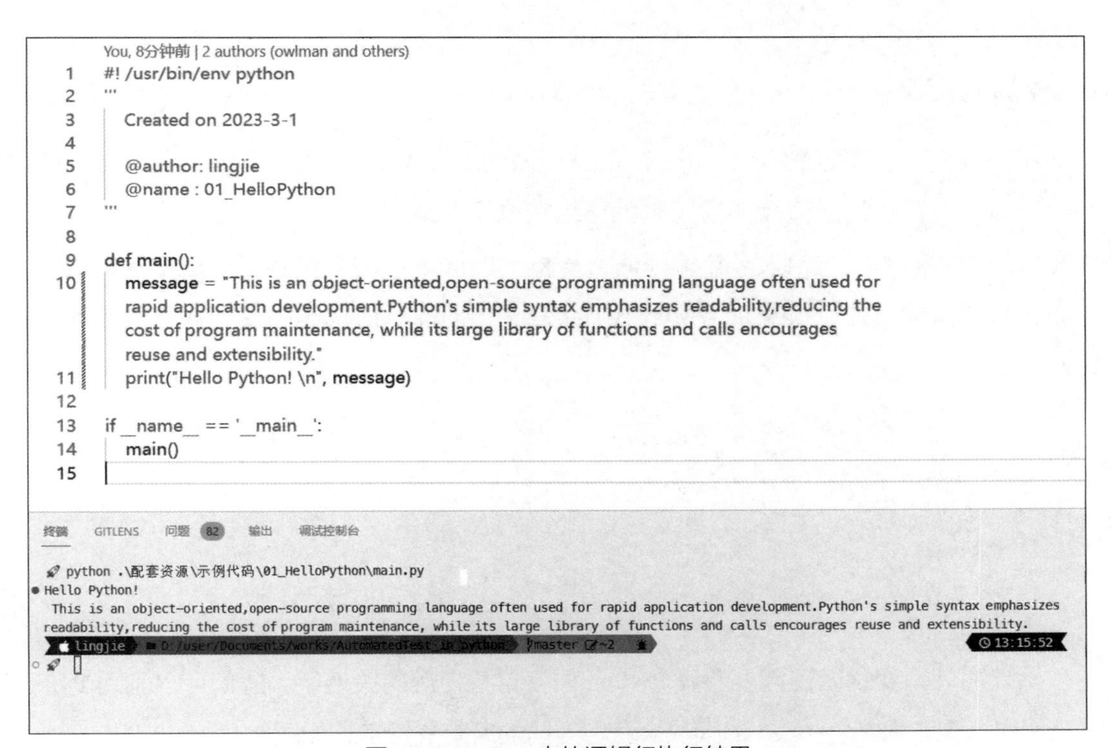

图 2-12　Python 中的逻辑行执行结果

2.2.3 变量与数据类型

众所周知，变量这个概念最早源于数学中的代数运算，为了方便书写演算过程，人们通常会用一些简单的字母来指代演算过程中不断变化的已知量或未知量。毕竟在公式中写 x、y、z 这样的字母总比写 1×10^{55} 这样的数字或者 $\sum_{i=1}^{100} i^2$ 这样的表达式简单、方便得多。而到了计算机程序中，变量的概念得到了进一步扩展，除了指代某个数据值外，它还关联计算机中用于存储该数据的一个内存空间。换言之，变量是程序用来存储某个数据的容器。当然，这些容器既然能被称为“变”量，也就说明它们所存储的数据是会随着程序的执行而变化的。由于变量是程序所要操作的基本对象，因此在编写程序时，定义变量往往是程序员首先要做的工作。接下来将详细介绍变量在 Python 编程中的使用方法。

1. 变量的定义

正如我们之前在定义 `message` 变量时所做的，在 Python 代码中定义变量是无须声明的，程序员在执行赋值操作的同时就已经完成了变量的定义。接下来，让我们具体讨论变量的命名问题。与绝大多数编程语言一样，Python 中的变量名可以由字母、数字、下画线组合而成，并且只能以字母、下画线开头，而像下面代码中的这些变量名都是不允许的。

```
2day=10
'Week=11
\Month=12
/Year=14
```

除此之外，变量名还需要避开 Python 语言自身使用的关键字。我们可以利用 Python 标准库中一个名为 `keyword` 的模块来获取当前的所有关键字，如图 2-13 所示。

```
python
Python 3.11.2 (tags/v3.11.2:878ead1, Feb  7 2023, 16:38:35) [MSC v.1934 64 bit (AMD64)] on win32
Type "help", "copyright", "credits" or "license" for more information.
>>> import keyword
>>> keyword.kwlist
['False', 'None', 'True', 'and', 'as', 'assert', 'async', 'await', 'break', 'class', 'continue', 'def', 'del', 'elif', 'else', 'except', 'fin
ally', 'for', 'from', 'global', 'if', 'import', 'in', 'is', 'lambda', 'nonlocal', 'not', 'or', 'pass', 'raise', 'return', 'try', 'while', 'wi
th', 'yield']
>>> 
```

图 2-13 Python 的关键字

当然，出于对代码可读性方面的考虑，程序员在选择变量名的时候应尽量使用有意义的单词或单词组合，不能太过随意。建议读者在变量的命名上遵守某种一致的命名规范。例如匈牙利命名法，这套命名规范建议程序员将变量的数据类型也写到变量名中，如在 `strname="lingjie"` 这个变量定义中，我们用 `str` 这个前缀表明这是个字符串类型的变量。再如驼峰命名法，遵守这种命名规范的变量名通常由一个以上的单词组成，除了首个单词的字母不大写之外，其余单词的首字母大写，如 `myName`、`myBook`、`someValue`、`getObject` 等。

2．基本数据类型

现在重点介绍一下变量的数据类型。在计算机中，如果程序想对某一个内存空间中的数据进行存储和操作，首先要明确的是该空间内数据的存储方式和操作方式。例如，变量中存储的是数据本身还是数据在内存中的位置，这将决定这些数据的复制方式。再如，变量中的数据可以执行什么操作，是算术运算还是逻辑判断，抑或是文本处理，这需要我们对这些内存空间中的数据，即变量的值进行归类。我们可以将用于算术运算的数据归为一类，将用于文本处理的数据归为另一类。在编程中，这些归类被人们约定俗成地称为“类型”（type）。简而言之就是，变量中的值所属的类型决定该变量的存储形式及其可以执行的操作。接下来，具体介绍在 Python 中可以使用的基本数据类型。

1）数字（number）类型

Python 3.x 主要支持 4 种数字类型，它们分别是 int（整数）类型、float（浮点）类型、bool（布尔）类型、complex（复数）类型。这些数字类型的数据主要用于执行各种数学运算，包括加法、减法、除法、整除、取余、乘法和乘方等。以下是操作示例。

```
print((3+2))          # 加法运算，输出结果是 5
print((10.4-3))       # 减法运算，输出结果是 7.4
print(15/4)           # 除法运算，输出结果是 3.75
print(15//4)          # 整除运算，输出结果是 3
print(15%4)           # 取余运算，输出结果是 3
print(2*3)            # 乘法运算，输出结果是 6
print(2**3)           # 乘方运算，输出结果是 8
```

2）字符串（string）类型

在 Python 语言中，字符串就是单引号、双引号和三引号之间的字符，这些字符中所有的空格和制表符都照原样保留。在 3 种字符串的表示方式中，单引号与双引号的作用在大多数时候是一样的，只有当字符串本身的内容中包含单引号时，它才只能用双引号或三引号引起来。而三引号通常用于表示包含多行字符的字符串，同样，我们也可以在三引号中自由使用单引号和双引号。在编程中，字符串类型的数据主要用于执行各种文本处理操作，包括文本的输入、输出、存储、拼接和截取等，以下是操作示例。

```
name="lingjie"    # 存储一般的字符串数据
I_am="I'm "          # 存储带单引号的字符串数据
# 存储包含多行内容的字符串数据
other='''
age:  42
job: writer
'''
message=I_am + name + other # 拼接字符串数据并存储

print(message) # 输出变量 message 中存储的字符串数据
print(message[0:11]) # 截取变量中的某一段字符串并输出
print(r"Newlines are indicated by \n") # 忽略字符串中的转义字符并输出
```

另外，读者如果想让 Python 忽略字符串数据中所有的转义字符，可以在表示字符串的单引号或双引号之前加一个前缀 r。例如，在上述代码的最后一行中，我们希望按照原样输出字符串中的换行符 \n，而不是让它发挥换行效果。

3）列表（list）类型

在 Python 语言中，列表类型的对象可以是其他任意对象的有序集合，这些对象会被表示成由一对中括号括起来的一系列可按某种顺序排列的元素，这些元素用逗号隔开。列表中的元素可以是 Python 能使用的任意数据类型，既可以是这里正在介绍的基本数据类型，也可以是稍后要介绍的通过自定义或者导入第三方库获得的扩展数据类型。在基于 Python 的编程中，列表类型的数据主要用于执行面向有序集合的数据操作，包括批量地增、删、改、查和遍历数据等。以下是操作示例。

```
list_1=[ # 将 3 个对象存储为一个列表类型的数据
    10,      # 第一个列表元素为数字类型的数据
    "string data", # 第二个列表元素为字符串类型的数据
    [1,2,3] # 第三个列表元素为列表类型的数据
]
print(list_1) # 输出整个列表中的数据
print(list_1[1]) # 用列表索引的方式输出指定的元素
# 注意，列表元素的索引值是从 0 开始的，所以这里输出的是第二个元素
list_1[0]=100 # 修改元素
list_1.remove([1,2,3]) # 找到并删除第三个列表元素
print(list_1) # 重新输出整个列表中的数据
list_1.append([7,8,9]) # 在列表末尾重新添加元素
print(list_1) # 重新输出整个列表中的数据
```

4）元组（tuple）类型

在 Python 语言中，元组类型的对象可以被视为只读的列表类型数据。元组中的元素可以是任意类型的数据，这些元素被放置在一对小括号中，并用逗号隔开。由于元组中的元素是不可修改的，因此元组类型的数据通常用于执行一次性批量数据存储和各种查找、遍历等只读操作。以下是操作示例。

```
tuple_1=("abcd",706,"lyy",898,5.2) # 一次性存储一些数据
print(tuple_1)             # 输出整个元组中的数据
print(tuple_1[0])          # 用索引的形式输出指定的元素
print(tuple_1[1:3])        # 用索引区间的形式输出元组的某个子序列
```

5）集合（set）类型

在 Python 语言中，集合类型的对象可以被视为元素不能重复的列表类型数据。集合中的元素被放置在一对花括号中，并用逗号隔开，如果要创建的是空集合，就需要调用 set() 函数来完成。由于集合中的元素是不能重复的，因此该数据类型通常用于执行存储数据时需要删除冗余数据的操作。以下是操作示例。

```
set_1={18,19,18,20,21,20} # 如果我们存储的数组有重复
print(set_1)              # 则相同的元素只会被保留一个
```

6）字典（dictionary）类型

在 Python 语言中，字典类型的对象可以被视为元素为键值对的列表类型数据。字典中的每个元素都必须是键值对，它们将被放置在一对花括号中，并用逗号隔开。该数据类型通常用于执行一些与键值查找相关的操作。以下是操作示例。

```
map_1={ # 将两个键值对元素存储为字典类型的数据
    "name" : "lingjie", # name 是键，lingjie 是值
    "age" : "25"        # age 是键，25 是值
}
print(map_1) # 输出字典中的数据
map_1["sex"]="boy" # 添加一个键为 sex、值为 boy 的元素
print(map_1) # 重新输出字典中的数据

# 删除字典数据时，可以使用 del() 函数
del map_1["age"] # 删除键为 age 的元素
print(map_1) # 重新输出字典中的数据
```

3. 自定义类型

除了上述基本数据类型之外，Python 还支持通过自定义类型（或导入第三方库）的方式使用更复杂的数据类型，以便展现自身强大的表达能力。和绝大多数支持面向对象的编程语言一样，这种扩展可用数据类型的能力是通过一种叫作“class”（类）的语法来完成的。该语法的基本格式如下。

```
class [类型名称]([父类名称]):
```

```
    [ 类型的属性和方法 ]
```

在上述语法格式中，首先使用 class 关键字来自定义类型的声明动作，Python 中所有自定义类型的动作都需要从这个关键字开始。然后，为该自定义类型指定一个 [类型名称]。在 Python 语法中，自定义类型的命名规则与变量是完全一致的，只不过在习惯上程序员通常会选择使用首字母大写的名称。接着，在一对小括号中指定当前自定义类型继承自哪一个 [父类名称]，在 Python 3.x 中，所有自定义类型都默认继承自 Object 类，所以如果没有特别需要指定的父类，此处是可以省略的。最后，可以开始定义 [类型的属性和方法] 了。

在面向对象编程的概念中，类型的属性通常指可以存储在该类及其实例对象中的子数据。例如，如果读者想定义表示“书”这个概念的自定义类型，那么它的书名、作者、出版社等子数据都属于“书”这个自定义类型的属性。具体到 Python 语言中，自定义类型的属性包括实例属性与类属性两种，它们之间的主要区别如下。

- 在数据的归属问题上，实例属性中的数据由该类型的每个实例各自拥有、相互独立；而类属性中的数据有且只有一份，由该类型的所有实例共有。也就是说，类属性是可以直接通过 [类型名称] 访问的数据，而实例属性则是需要先将类型实例化成具体的对象，再通过该对象才能访问的数据。
- 在属性的定义方式上，实例属性需要在一个名为 __init__() 的特殊方法中定义，该方法会在类型实例化时被自动调用，并对该属性执行初始化操作，实例属性的定义就属于该初始化操作的一部分；而类属性只需在上述语法格式中的 [类型的属性和方法] 所在的区域执行变量添加操作即可定义，没有特定的位置。

值得一提的是，虽然 __init__() 方法在使用方式上与面向对象编程中的构造函数非常类似，但它是实例化要执行的初始化方法，而不是构造方法，Python 中真正的构造函数是一个名为 __new__() 的特殊方法。只不过在大多数情况下程序员是不需要重新定义构造方法的，定义初始化方法就足够了。另外，如果读者想在销毁自定义类型的实例时执行某些指定的操作，就需要定义一个名为 __del__() 的特殊方法。

除了上述特殊方法之外，还可以使用 def 关键字，在上述语法格式中 [类型的属性和方法] 所在的区域为自己定义的类型添加其他方法。在面向对象编程中，类型的方法通常指该类型可以执行的操作。例如，如果读者想定义表示“书”这个概念的自定义类型，那么修改书名、作者信息、出版社信息等就是类型的方法所应该支持的操作。接下来，演示在 Python 语言中自定义类型的过程。

```
class Book:
    help='''
    这是一个类属性，用于提供当前类的帮助信息。

    创建实例的方法：
        mybook=Book({
            "name" : "Python 快速入门 ",
            "author" : "Ling Jie",
            "pub" : " 人民邮电出版社 "
        })
    修改书名的方法：
        mybook.updateName("Python 3 快速入门 ")
    销毁实例的方法：
        del mybook
    '''

    '''
     定义 Book 类的初始化方法。使用该方法时需要定义以下两个参数。
        self：这是初始化方法必须有的参数，
                用于表示将被初始化的实例。
        bookdata：这是字典类型的数据对象，
                用于提供初始化时所需的数据。
    '''
    def __init__(self, bookdata):
        # 定义 3 个实例属性
        self.name=bookdata["name"]
        self.author=bookdata["author"]
        self.pub=bookdata["pub"]

    '''
     定义 Book 类中用于修改书名的方法。使用它时需要定义以下两个参数。
        self：用于表示当前的实例。
        newName：用于指定新书名的字符串对象。
    '''
    def updateName(self, newName):
        self.name=newName
```

```
    '''
      定义 Book 类中用于销毁实例的方法。使用它时需要定义以下参数。
        self：用于表示当前的实例。
    '''
    def __del__(self):
        print("delete ", self.name)
```

在完成自定义类型的定义之后，读者就可以对该类型进行实例化及相关操作了，具体操作方法就像我们在其 help 类的属性中说明的那样。

```
# 通过类属性来查看 Book 类提供的帮助信息
print(Book.help)
# 创建实例
mybook=Book({
    "name" : "Python 快速入门 ",
    "author" : "Ling Jie",
    "pub" : " 人民邮电出版社 "
})
# 修改书名
mybook.updateName("Python 3 快速入门 ")
# 销毁实例
del mybook
```

2.2.4 程序流程控制

计算机程序本质上就是一组用某一门编程语言编写而成的指令序列，人类用这门语言表达自己的意图，而计算机则利用这门语言的解释器或编译器理解人类的意图，将该意图转换成计算机指令并执行。所以，程序员的任务就是学会用编程语言表达自己的意图。在 Python 中，表达意图的基本指令单元通常被称为“语句”。变量及其执行的操作就相当于人类语言中的“名词”和“动词”，而现在我们要学习如何按照自己的意图将这些“名词”和“动词”组织成控制程序流程的“语句”。

无论读者使用的是人类语言还是计算机编程语言，编写语句的第一步都应该明确自己要表达的内容。该内容可以是执行某个动作，也可以是呈现某个状态。当然，读者在没有习惯用 Python 语言表达自己意图之前，不妨先用自己熟悉的人类语言将要表达的内容写出来。举个例子，如果想将人民币 100 元兑换成美元，通常我们会使用如下表达方式。

先获取人民币的值——100。

再取得人民币兑换美元的汇率——0.1404。

将人民币的值乘以汇率，即得到美元的值。

我们用 Python 语言翻译一下上面的 3 个短句。

```
CNY=100;
exRate=0.1404;
USD=CNY*exRate;
```

上述代码中出现了 3 条 Python 语句，由于这些语句都由表达式组成，因此它们所表达的意图是由其中的表达式类型来决定的，而表达式类型取决于表达式中起最终作用的操作符。在这个例子中，前两条语句中只有一个赋值操作符，所以无疑它们都属于赋值表达式；而第三条语句由一个乘法运算符和一个赋值操作符组成，似乎应该是一个由算术表达式和赋值表达式组合而成的复合表达式，但在习惯上，人们是用"起最终作用"的操作符来为表达式归类的，所以它依然属于赋值表达式。

以此类推，读者今后还会遇到算术表达式、关系表达式、逻辑表达式、函数调用表达式或对象表达式等用于执行各类不同操作的表达式，它们都可以直接组成语句。这种只包含表达式的语句通常被称为表达式语句。当然，在实际编程工作中，程序员在更多情况下使用的是由表达式和其他语法元素组合而成的语句，这些语句往往由用于表达比表达式更复杂的程序流程控制，人们将其统称为流程控制语句。按照具体的作用，我们可以将流程控制语句细分为条件语句、循环语句和跳转语句。接下来，对它们分别进行介绍。

1．条件语句

到目前为止，我们所看到的所有程序都是按照语句出现的顺序一直执行下去的，几乎没有任何应变能力。如果我们希望自己编写的程序能具备一定的"随机应变"能力，就要让其进行条件判断。在编程语言中，用来表述条件判断的语句叫作条件语句。条件语句在编程设计中属于流程控制语句中的一种，它的主要作用是根据某一由程序员预先指定的条件来执行或跳过某部分语句（这些语句通常被称为条件分支）。

在 Python 中，条件语句主要指以 `if` 关键字开头的条件判断语句，这种语句也是编程设计中最常见、最基本的一种流程控制语句。它根据条件分支的多少，可以分为以下 3 种形式。

- **单分支形式：**只用于指定在某条件成立时需要执行的条件分支语句，具体语法格式如下。

```
if ([条件表达式]) :
    [条件分支语句]
```

- **双分支形式：**同时指定在某条件成立或不成立时需要执行的条件分支语句，具体语法格式如下。

```
if ([条件表达式]) :
    [条件分支语句]
else :
    [条件分支语句]
```

- **多分支形式：**根据多个条件决定需要执行的条件分支语句，具体语法格式如下。

```
if ([条件表达式]):
    [条件分支语句]
elif ([条件表达式]) :
    [条件分支语句]
elif ([条件表达式]) :
    [条件分支语句]
...
else :
    [条件分支语句]
```

在这里，条件表达式主要是涉及返回布尔类型数据的表达式，如关系表达式、逻辑表达式等；而条件分支语句既可以是简单的表达式语句，也可以是采用同一缩进格式的语句块。接下来，将通过具体的例子演示 `if` 语句的用法。

众所周知，货币的值通常不为负数，基于这一点，我们可以对之前的币值换算代码做出如下修改。

```
exRate=0.1404
CNY=100
if(CNY>=0) :
    USD=CNY*exRate
    print('换算的美元值为', USD)
```

在这种情况下，读者只在 CNY 的值大于或等于 0 时才会看到输出结果。但是这种做法有一个问题，一旦 CNY 的值为负数，执行这段代码后将看不到任何反馈信息，甚至不确定程序是否运行过。为了解决这个问题，要让代码在条件不成立时也能输出一条提示信息。

```
exRate=0.1404
CNY=100
if(CNY>=0) :
   USD=CNY*exRate
   print("换算的美元值为", USD)
else:
   print("人民币的值不能为负数！")
```

当然，如果想确保 exRate 的值也不是负数，还可以继续将代码修改成多分支判断语句。

```
exRate=-0.1404   # 现在汇率为负值
CNY=100
if(CNY<0):
   print('人民币的值不能为负数！')
elif(exRate<0) :
    print('人民币兑换美元的汇率不能为负数！')
else:
    USD=CNY*exRate
    print('换算的美元值为', USD)
```

2．循环语句

在测试前面这些条件语句时，细心的读者可能已经发现了问题，这些条件语句都只能执行一次，而如果我们想测试不同的数据，就需要修改代码本身。这种测试方法不仅操作不方便，而且根本没有办法处理海量的测试数据。如果要解决这个问题，程序员就要想办法让程序能根据自己所指定的条件重复执行某部分的语句，这就涉及编程语言中的另一种流程控制语句——循环语句。

在 Python 中，循环语句主要有 `for` 语句和 `while` 语句两种形式。接下来，对它们分别进行介绍。从使用习惯上来说，`for` 语句的整个循环过程通常由某种遍历操作来驱动，其具体语法格式如下。

```
for [循环变量] in [被遍历对象]:
    [被循环语句]
```

下面具体解释上述语法格式中所涉及的语法单元。首先，循环变量的作用是读取被遍历对象中的每一个值，由于这个变量将被用于驱动执行整个循环语句，因此它被称为循环变量。其次，被遍历对象通常是一个可遍历的数据结构对象，只要该对象中的最后一个元素尚未被循环变量读取，循环语句就会一直执行下去。最后，被循环语句就是该循环结构要重复执行的语句，它既可以是简单的表达式语句，也可以是采用同一缩进格式的语句块。例如，如果想在命令行终端中逐行输出 0 ～ 9 这 10 个整数，就可以执行如下语句。

```
list=range(0, 10) # 获取一个存储了整数 0~9 的列表
for item in list:
    print(item)
```

`while` 语句与 `for` 语句相比，最大的区别在于它并没有为循环变量预留固定的语法单元，其具体语法格式如下。

```
while ([循环条件测试]):
    [被循环语句]
```

正如读者所见，while 语句中的语法单元只有两个。在循环条件测试中，我们只需要设置一个能返回布尔类型数据的表达式即可。只要该表达式的结果为 True，循环就会一直执行下去，直到它因满足某一条件而返回 False 为止。而被循环语句就是该循环结构要重复执行的语句，同样，它既可以是简单的表达式语句，也可以是采用同一缩进格式的语句块。

与 for 语句的语法格式相比，while 语句显然具有更高的自由度，它允许程序员更灵活地安排循环的执行方式（这也意味着使用它更容易出错），因此在习惯上更适合用来描述一些执行次数不确定的循环操作。例如，如果我们需要基于 text.readline() 函数编写循环语句，实现逐行读取指定文本文件的功能，由于 text 对象所指向的文本文件是由其调用方指定的，因此我们无法事先知道该循环语句究竟需要读取多少行文本，但只要能确定该函数在读取完所有文本之后会返回 False，就可以利用下面这个 while 语句来使用这个函数。

```
num=1
while(line=text.readline():
    print(num+'.',line)
    num=num+1
```

当然，如果一定要用 for 语句实现上面这样的循环，也是可以做到的，而且 while 语句也可以用来执行循环次数确定的操作。这里只是笔者根据自己的使用习惯给出的建议，并不存在一定之规。

3. 跳转语句

在程序执行过程中，程序员常常会遇到需要提前结束当前执行单元（如条件语句、循环语句）的特殊情况。这时候，就需要用到一种能让程序直接改变执行位置的语句，这种语句被称作跳转语句。下面介绍 Python 语言中常用的几种跳转语句。

- **break 语句。**该跳转语句的作用是让程序直接跳出当前正在执行的条件语句与循环语句。例如，如果我们希望前文读取文本的循环在遇到空行时停止读取，则可以执行如下语句。

```
num=1
while(line=text.readLine()):
    if(line==""):
        break
    print(num+'.',line)
    num=num+1
```

- **return 语句**。该跳转语句的作用是让程序终止当前函数的执行，并将指定的数据（如果有的话）返回给该函数的调用方。例如，如果我们希望前文读取文本的循环在遇到空行时停止读取，并给调用方返回 False，则可以执行如下语句。

```
num=1
while(line=text.readLine()):
    if(line==""):
       return False
    print(num+'.',line)
    num=num+1
```

- **continue 语句**。该跳转语句只能运用在循环语句中，作用是让程序停止当前这一轮的循环，直接进入下一轮循环。例如，如今有很多文本（如 Markdown 格式的文本）是用空行来分隔段落的。这时候，如果我们觉得遇到空行就直接停止读取的方式不妥当，程序只需不输出空行就可以了，则可以执行如下语句。

```
num=1
while(line=text.readLine()):
    if(line==""):
       continue
    print(num+'.',line)
    num=num+1
```

2.3 库 / 框架

除了掌握基本语法之外，程序员的编程能力实际上取决于其如何根据自己面对的问题找到适用的库（或框架），并在合理的时间内掌握它们的使用方法，以及用它们快速地构建自己的项目。在 Python 语言中，我们可以使用的库（或框架）通常可以分为两大类：一类是由 Python 官方提供的标准库；另一类则是第三方库（或框架）。

2.3.1 标准库中的常用模块

标准库是 Python 运行环境的一部分，通常会随着该运行环境一同安装到计算机中。Python 官方提供的标准库非常庞大，其涉及的范围也十分广泛，其中包含多个内置模块（用 C 语言编写），程序员必须依靠它们来实现系统级的功能（如文件的输入 / 输出）。此外还有大量用 Python 编写的模块，提供日常编程中许多问题的标准解决方案。下面列举一些在实际开发中常常会用到的模块。

- **sys 模块**。该模块主要用于访问和修改系统的相关信息，如查看当前使用的 Python 版本、系统环境变量、模块信息和 Python 解释器的相关信息等。
- **os 模块**。该模块主要用于支持与操作系统相关的操作，它提供访问操作系统底层 API（Application Program Interface，应用程序接口）的方式，例如调用可执行输入 / 输出、文件读写、读取异常 / 错误消息、进程与线程管理、文件管理、调度程序等操作的 API。
- **re 模块**。该模块主要用于支持正则表达式的操作。通常情况下，当面对大量字符串处理需求的时候，使用正则表达式是十分快速、有效的方式。
- **math 模块**。该模块主要用于支持数学运算，它提供对 C 语言标准库定义的数学函数的访问。
- **random 模块**。该模块主要用于生成伪随机数，可以模拟现实世界中的随机取数、随机抽奖等。需要注意的是，真实的随机数通过物理实践过程得出，而伪随机数则通过计算机的特定算法生成，所以后者是可预测的、有规律的，只是循环周期较长，并不能与现实场景相切合。
- **logging 模块**。该模块主要用于支持与日志记录相关的工作，它提供应用程序和库函数的日志记录。日常开发中我们经常需要通过日志输出当前程序的运行状态，实时查看可能出现的栈异常和错误消息等。
- **json 模块**。该模块主要用于支持 JSON 格式的数据的编码和解码。在日常开发中，我们经常需要在程序的前端、后端传输 JSON 格式的数据，并对其进行序列化和反序列化操作，而序列化和反序列化操作本质上就是编码与解码的工作。

- **socket 模块**。该模块主要用于执行与底层网络相关的操作，它提供 BSD（Berkeley Software Distribution，伯克利软件套件）标准的套接字 API，可以通过访问底层操作系统套接字的相关接口进行网络通信。
- **urllib 模块**。该模块主要用于执行与 URL（Uniform Resource Locator，统一资源定位符）处理相关的操作，其中集成了用于向指定 URL 发送请求并处理其响应数据的各种函数。
- **threading 模块**。该模块主要用于执行与多线程并行相关的操作，可以针对多线程并行的问题给数据加同步锁，一次只让一个线程处理数据，从而避免数据读写混乱。在 CPython 解释器上，因为 GIL（Global Interpreter Lock，全局解释器锁）机制的存在是为了线程安全，所以同一时间只能执行一个线程，这就导致多线程不能发挥出计算机的多核特性。
- **multiprocessing 模块**。该模块主要用于执行与多进程并行相关的操作，它的功能与 threading 模块类似，不同的是进程库可以创建子进程来避开 GIL，从而弥补线程库存在的劣势和发挥计算机的多核特性。
- **asyncio 模块**。这是一个支持用 `async/await` 关键字编写并行操作代码的模块。它为多个异步框架提供基础功能，能够帮助程序员实现高性能的网络、Web 服务器、数据库连接和分布式任务队列等。
- **copy 模块**。该模块主要用于执行与浅层、深层复制相关的操作。对象副本是无法通过简单值传递创建新变量的方式创建的。因为新变量所指向的内存空间依旧是原对象本身的，所以对新变量进行任何操作都会改变原对象。不过，copy 模块提供了创建对象副本的各种方法，它会开辟新的内存空间，存放对象副本，修改操作不会对原对象产生任何影响。
- **profile、pstats 模块**。这两个模块主要用于执行与性能分析相关的操作。其中，profile 模块提供 profile 和 cProfile 这两种不同实现方法的性能分析工具，可用来统计程序各个部分的执行时间和频率，统计后的信息可以通过 pstats 模块保存并使用。
- **unitest 模块**。该模块主要用于执行与单元测试相关的操作，它在设计上受到 JUnit 和其他主流测试库的启发，因此在使用方式方面与它们有着相似的风格。

在 Python 语言中，使用标准库的方式是非常简单且直观的，大体上只需要执行两个步骤即可。下面让我们借助一个使用 threading 模块的示例来演示这两个步骤。具体做法是在之前创建的 01_HelloPython 文件夹中创建一个名为 exThreading.py 的文件，并在其中输入如下代码。

```
# 第一步，使用 import 语句在当前作用域中导入要使用的模块
import threading
import time
# 如果只需要导入 time 模块中的 sleep() 函数，
# 也可以使用 from ... import 语句，例如：
# from time import sleep

# 第二步，根据官方文档中的说明和自己的需求来调用模块提供的方法
def loop():
    print('thread %s is running...' % threading.current_thread().name)
    n=0
    while(n<5):
        n=n+1
        print('thread %s >>> %s' % (threading.current_thread().name, n))
        time.sleep(1) # 等待 1 秒
        # 如果之前使用 from ... import 语句导入 sleep() 函数，
        # 这里就只需调用 sleep(1) 即可
    print('thread %s ended.' % threading.current_thread().name)

print('thread %s is running...' % threading.current_thread().name)
t=threading.Thread(target=loop, name='LoopThread')
t.start()
t.join()
print('thread %s ended.' % threading.current_thread().name)
```

2.3.2 第三方库 / 框架

在进行了基本语法和标准库的学习之后，相信读者已经初步体验到了 Python 社区所推崇的“优雅、明确、简单”的编码风格。这种风格主要体现出 Python 语言遵循的如下核心设计准则。

- 优美优于丑陋。
- 明了优于隐晦。

- 简单优于复杂。
- 复杂优于凌乱。
- 扁平优于嵌套。
- 稀疏优于稠密。
- 可读性很重要。

上述设计准则会确保程序员在使用这门语言时自觉地拒绝花哨的语法，并尽可能地使用明确且没有歧义的表达方式来编写代码。当然，凡事都有两面性，对这些设计准则的坚守也让 Python 社区对牺牲了优雅特性的优化策略始终持有较谨慎的态度。这导致许多开发者对 Python 语言的一些非重要部分所做的性能优化和非核心功能的扩展，往往很难被其官方直接纳入标准库中，某种程度上限制了这门语言在某些特定领域中的运用。而如果想要在这些特定领域中使用 Python 语言进行开发，读者就必须手动导入第三方库 / 框架。

在图形用户界面领域，我们可以选择导入 PyQt、wxPython 等第三方库来实现带图形用户界面的应用程序。

在 Web 应用领域，我们可以选择导入 Django、web2py、Bottle、Tornado、Flask 等框架来开发个人博客、线上论坛等 Web 应用程序，以及基于 HTTP（Hypertext Transfer Protocol，超文本传送协议）的应用程序服务器端。

在网络编程领域，我们可以选择导入 Twisted 框架来开发基于多种网络协议的应用程序；该框架支持的协议既包括 UDP（User Datagram Protocol，用户数据报协议）、TCP（Transmission Control Protocol，传输控制协议）、TLS（Transport Layer Security，传输层安全）协议等传输层协议，也包括 HTTP、FTP（File Transfer Protocol，文件传送协议）等应用层协议。

在网络爬虫领域，我们可以选择导入 Scrapy 这个轻量级的框架来从指定的网站中收集有用的数据。

在科学计算领域，我们可以选择导入 NumPy、SciPy、pandas、Matplotlib 等第三方库进行各种科学数值计算，并生成相关的数据报告或图表。

在人工智能领域，我们可以选择导入 Dpark、NLTK、TensorFlow 等框架来完成数据挖掘、自然语言处理、机器学习等方面的工作。

在图形化游戏领域，我们可以选择导入 pygame、PyOgre、obEspoir 等第三方库来开发《俄罗斯方块》《贪吃蛇》这样的游戏。

在自动化运维领域，我们可以选择引入 Buildbot 框架来实现自动化软件构建、测试和发布等；每当代码有改变，服务器就要求不同平台上的客户端立即进行代码构建和测试，收集并报告不同平台的构建和测试结果。

在自动化测试领域，我们可以选择引入 Selenium、Robot Framework 等框架来实现自动化的 UI 测试、接口测试、兼容性测试等。

在 Python 中，导入上述第三方库 / 框架的简单方法就是使用一款叫作 pip 的包管理工具。这是 Python 官方提供的一款扩展包下载与管理工具，可用于查找、下载、安装、卸载所有可导入 Python 应用程序中的第三方库 / 框架。接下来，将具体介绍 pip 的使用方法。

首先，安装 pip 包管理器。事实上，如果安装的是 Python 2.7.9 或 Python 3.4 以上版本，那么在安装 Python 的同时就已经安装 pip 这个包管理器了。对此，可以通过在终端中执行 `pip --version` 命令的方式验证它是否可用，如果该命令输出了正常的版本信息，就证明该包管理器可以正常使用。而如果该命令输出的是找不到 pip 之类的错误消息，就需要在终端中执行以下命令来安装这个包管理器。

```
# 先下载安装脚本
curl https://bootstrap.pypa.io/get-pip.py -o get-pip.py
# 然后执行安装的脚本
python get-pip.py
```

另外，在部分 Linux 发行版中，可以直接使用操作系统的包管理器安装 pip。例如，在 Ubuntu 操作系统中，只需直接执行 `sudo apt install python-pip` 命令即可。在确认 pip 已经正确安装之后，就可以使用这个包管理器安装并管理 Python 的第三方库了。以下是它的一些常用命令。

- **pip --version 命令：**用于查看当前所用 pip 的版本及其安装路径。
- **pip --help 命令：**用于获取 pip 的官方帮助信息，这些信息对初学者是非常有用的。
- **pip config 命令：**用于对 pip 本身进行各种配置工作。例如，在默认情况下使用该包管理器安装第三方库时需要从其官方提供的服务器上下载，而这些服务器通常位于国外，下载速度相对较慢且不稳定。这时候，可以通过执行 `pip config set global.index-url[某国内镜像的URL]` 命令将其默认的远程服务器配置成某个指定的国内镜像服务器。

- **pip list 命令：** 用于列出当前计算机中已经安装的第三方库。
- **pip search [扩展包名称] 命令：** 用于在远程服务器上搜索可用的第三方库。
- **pip show [扩展包名称] 命令：** 用于查看指定第三方库的具体信息。
- **pip install [扩展包名称] 命令：** 用于从远程服务器上下载并安装指定的第三方库。该命令默认安装的是最新版本，如果需要安装特定的版本，就需要在安装时指定版本号。例如，执行 `pip install Django==1.7` 命令，安装的就是 1.7 版本的 Django 框架。
- **pip install --upgrade [扩展包名称] 命令：** 用于更新当前计算机中指定的第三方库。该命令默认将扩展包升级到最新版本，如果需要升级到特定的版本，就需要在安装时指定版本号。例如，执行 `pip install --upgrade Django==1.8` 命令，就会将 Django 框架升级到 1.8 版本。
- **pip uninstall [扩展包名称] 命令：** 用于从当前计算机中删除指定的第三方库。

在安装指定的第三方库之后，读者在大多数情况下可以像使用标准库那样使用它们。下面借助导入并使用 NumPy 这个第三方库的过程来演示。

（1）在终端中执行 `pip install numpy` 命令，将这个名为 NumPy 的第三方库安装到当前计算机中。

（2）在之前创建的 01_HelloPython 文件夹中创建一个名为 exNumpy.py 的文件，并在其中输入如下代码。

```
import numpy as np;

# 基于列表对象生成一维数组
listObj=[1,2,3,4,5,6]
arr=np.array(listObj)
print("数组中的数据：\n", arr)
print("数组元素的类型：\n",arr.dtype)

# 基于列表对象生成二维数组
listObj=[[1,2],[3,4],[5,6]]
arr=np.array(listObj)
print("数组中的数据：\n", arr)
print("数组的维度：\n", arr.ndim)
```

```
print("数组中各维度的长度：\n", arr.shape)  # shape 是一个元组

arr=np.zeros(6)
print("创建长度为 6、元素都是 0 的一维数组：\n", arr)
arr=np.zeros((2,3))
print("创建 2×3、元素都是 0 的二维数组：\n", arr)
arr=np.ones((2,3))
print("创建 2×3、元素都是 1 的二维数组：\n", arr)
arr=np.empty((3,3))
print("创建 3×3、元素未经初始化的二维数组：\n", arr)
```

（3）通过终端进入 01_HelloPython 文件夹，并执行 `python exNumpy.py` 命令。如果该命令返回如下信息，就证明我们已经成功导入并使用了 NumPy 第三方库。

```
数组中的数据：
[1 2 3 4 5 6]
数组元素的类型：
 int32
数组中的数据：
 [[1 2]
 [3 4]
 [5 6]]
数组的维度：
 2
数组中各维度的长度：
 (3, 2)
创建长度为 6、元素都是 0 的一维数组：
 [0. 0. 0. 0. 0. 0.]
创建 2×3、元素都是 0 的二维数组：
 [[0. 0. 0.]
 [0. 0. 0.]]
创建 2×3、元素都是 1 的二维数组：
 [[1. 1. 1.]
 [1. 1. 1.]]
创建 3×3、元素未经初始化的二维数组：
 [[ 0.00000000e+000  0.00000000e+000  0.00000000e+000]
 [ 0.00000000e+000  0.00000000e+000  2.82605549e-321]
 [ 4.53801547e+279 -1.42873560e-101  4.94065646e-324]]
```

至此，本章已经对 Python 语言的基本用法做了基础的介绍，只要能掌握本章所涉及的知识点，就足够理解本书后续章节中要学习的内容。当然，如果想掌握 Python 语言的全部特性，使其成为自己手中无往不利的工具，就需要阅读知识更全面的图书，如人民邮电出版社出版的《Python 基础教程》《Python 算法教程》这两本书，这里就不深入介绍了。本书第 3 章将讨论与自动化测试相关的主题。

第3章 自动化测试框架

在掌握了一门使用方便的编程语言并配置好相应的编程环境之后，现在终于可以正式进入自动化测试的主题探讨了。在自动化测试这样的领域中开展工作，程序员使用 Python 所能做到的事情基本上取决于其基于自身所做的项目找到合适的第三方库 / 框架，并在合理的时间内掌握该第三方库 / 框架的使用方法。本章将以面向 Web 应用程序的前端测试工作为例，介绍 Selenium 和 Robot Framework 这两个当前极具代表性的自动化测试框架。在这个过程中，读者将会具体学习如何在 Python 编程环境中安装和配置这些大型的框架，并快速掌握它们的使用方法，最终培养出举一反三的自主学习能力。总而言之，希望读者在阅读完本章内容之后能够：

- 正确地将 Selenium 框架导入自己所做的测试项目中，并初步掌握该框架的使用方法；
- 正确地将 Robot Framework 框架导入自己所做的测试项目中，并初步掌握该框架的使用方法；
- 意识到具备自主学习能力的重要性，并通过本章的学习培养出快速掌握一个框架的能力。

3.1 Selenium 框架

Selenium 框架是时下 Web 领域中使用最广泛的自动化测试工具之一，它能帮助程序员面向指定的 Web 前端应用程序快速地开发出自动化测试用例，且能实现跨平台、跨编程语言地在多种浏览器上开展测试工作。除此之外，由于该框架的学习曲线比较平缓，开发测试用例的周期相对较短，因此对编程经验不丰富的初学者来说，使用 Python 与 Selenium 这一组合来开始学习自动化测试是一个很好的选择。所以接下来，就让我们以该框架为敲门砖，打开进入自动化测试这一领域的大门。

3.1.1 Selenium 框架简介

Selenium 框架最初是由名为贾森·哈金斯（Jason Huggins）的软件工程师于 2004 年在 Thoughtworks 公司工作时开发的自动化测试工具集。他当时在负责测试一个叫作 Time and Expenses 的 Web 应用程序，这个程序有非常频繁的回归测试需求，对其进行手动测试逐渐成了越来越低效且枯燥的工作。为了解决这类问题，哈金斯基于 JavaScript 语言为自己开发了一套可自动控制 Web 浏览器执行测试操作的工具集，该工具集最初被命名为 JavaScript Test Runner。在从同公司的开发者身上看到该工具集的推广潜力之后，哈金斯最终决定将它开源给开发者社区，并将项目名称改为 Selenium Core。

由于这套自动化测试工具集可以轻松地部署在各种主流的操作系统上，并陆续兼容多种编程语言，因此它很快就在开发者社区中得到了广泛的支持。开发者陆续为它开发出了功能更完善的 Selenium RC 项目（现已被 Selenium WebDriver 项目取代），以及包括 Selenium WebDriver、Selenium Grid、Selenium IDE 等在内的一系列扩展项目。截至 2023 年 3 月，该框架已经迭代到了 Selenium 4.3.0，它具有如下功能特性。

- 支持多种编程语言、操作系统和 Web 浏览器，具体如下。
  - 支持的编程语言包括 C#、Java、Python、PHP、Ruby、Perl 和 JavaScript。
  - 支持的操作系统包括 Android、iOS、Windows、macOS 和各种 Linux 发行版。
  - 支持的 Web 浏览器包括 Google Chrome、Mozilla Firefox、Microsoft Edge、Safari 等。
- 支持并行测试执行，这有助于缩短测试时间，并提高工作效率。
- 支持与 Ant 和 Maven 等自动化构建工具集成协作，以便在自动化测试中重新构建被测软件。
- 支持与 TestNG、PyTest 等测试集成工具进行协作，以便能执行更充分的测试，并生成特定格式的测试报告。
- 集成了 Selenium WebDriver 组件（简称 WebDriver 组件），该组件可直接与 Web 浏览器进行交互，并不需要服务器端的任何支持。

- 集成了 Selenium IDE，为测试工作提供了操作录制与回放的功能，该功能可帮助测试人员记录自己对被测软件所进行的操作，并将其导出为可重复使用的脚本，这可以节省大量编写测试脚本的时间。

当然，凡事都有两面性，上述功能特性也必然会给 Selenium 框架带来一些局限性，这些局限性可以简单归纳如下。

- 该框架不支持针对桌面端应用程序的自动化测试。
- 该框架不支持针对 Web 应用程序的服务器端接口（如 RESTful API）执行自动化测试。
- 该框架不像 UFT（Unified Functional Testing）/QTP（Quick Test Professional）那样内置了对象存储库，但它可以使用页面对象模型实现其功能。
- 该框架本身没有内置生成测试报告的功能，必须依赖 PyTest 和 TestNG 等测试集成工具来实现。
- 该框架无法对图像执行测试，它需要与 Sikuli 进行集成才能执行针对图像的测试。
- 与 UFT、SilkTest 等企业级的自动化测试框架相比，该框架在创建测试环境方面需要花费更多时间。

程序员需要在使用该框架的过程中扬长避短，只有这样才能发挥出该框架最大的优势。现在，相信读者已经对 Selenium 框架有了基本的了解，接下来就可以开始学习如何在具体项目中导入该框架，并配置使用该框架进行自动化测试所需要的环境了。

3.1.2 快速上手教程

在正式学习如何在具体项目中导入 Selenium 框架并配置其使用环境之前，我们先假设接下来要使用的是一台 IBM PC，该设备的基本配置如下。

- 处理器：Intel i5-9500T (6) @ 2.210GHz。
- 物理内存：16GB。
- 操作系统：Microsoft Windows 11 Pro。
- Web 浏览器：Mozilla Firefox 110.0.1。
- 编程环境：Python 3.6 以上的运行时环境。

1. 安装框架文件

学习框架首先要做的是基于上述基本配置完成 Selenium 框架的安装操作。为此，读者需要做的是打开 PowerShell 这样的命令行环境并执行以下命令。

```
# 将 pip 包管理器升级到最新版本
pip install --upgrade pip
# 安装 Selenium 框架的最新版本
pip install selenium
```

执行结果如图 3-1 所示。

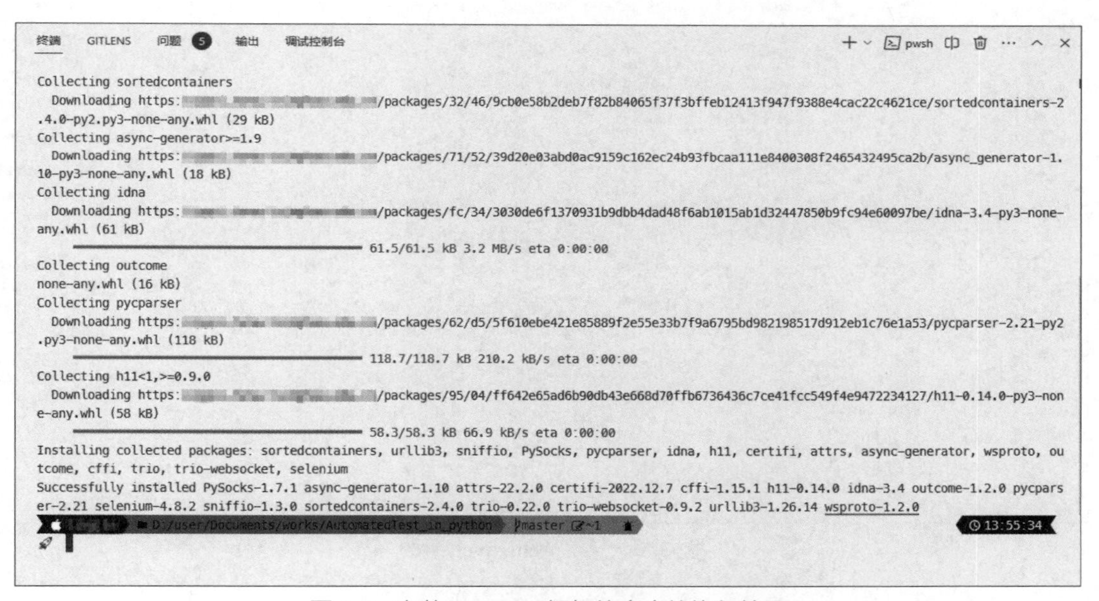

图 3-1　安装 Selenium 框架的命令的执行结果

由此可见，这里安装的版本是 Selenium 4.8.2，本书接下来将基于这一版本介绍该框架的使用方法。

2. 配置框架环境

Selenium 框架本质上是一个基于 Web 浏览器的自动化测试工具集，其中的每个工

具 / 组件都在自动化测试工作中发挥不同的作用。在单一设备中配置该框架的环境时，首先需要做的是为所使用的 Web 浏览器安装对应的 WebDriver 组件。该组件是 Selenium 框架操作 Web 浏览器的驱动程序，主要用于浏览器的控制、页面元素的选择和调试等。因此，不同的浏览器往往对应不同的 WebDriver 组件。在这里，读者面对的是 Mozilla Firefox 浏览器，它对应的 WebDriver 组件的具体安装步骤如下。

（1）访问 Selenium 框架的官方网站，并打开该网站提供的官方文档，在 WebDriver 组件的说明页面中找到 Mozilla Firefox 浏览器所对应的 WebDriver 组件（见图 3-2），并根据自己所用的操作系统将该组件下载到当前计算机中。

图 3-2　下载 WebDriver 组件

（2）由于 Mozilla Firefox 使用的浏览器引擎是 Gecko，因此它对应的 WebDriver 组件名为 geckodriver。而根据当前设备所用的 Windows 11 Pro 操作系统，这里需要下载的应该是 geckodriver-v0.32.2-win-aarch64.zip 这个压缩文件。待该文件被成功下载到当前计算机中后，读者需要做的就是将其解压并把获得的 geckodriver 文件复制到 Mozilla Firefox 浏览器的安装目录中，如图 3-3 所示。

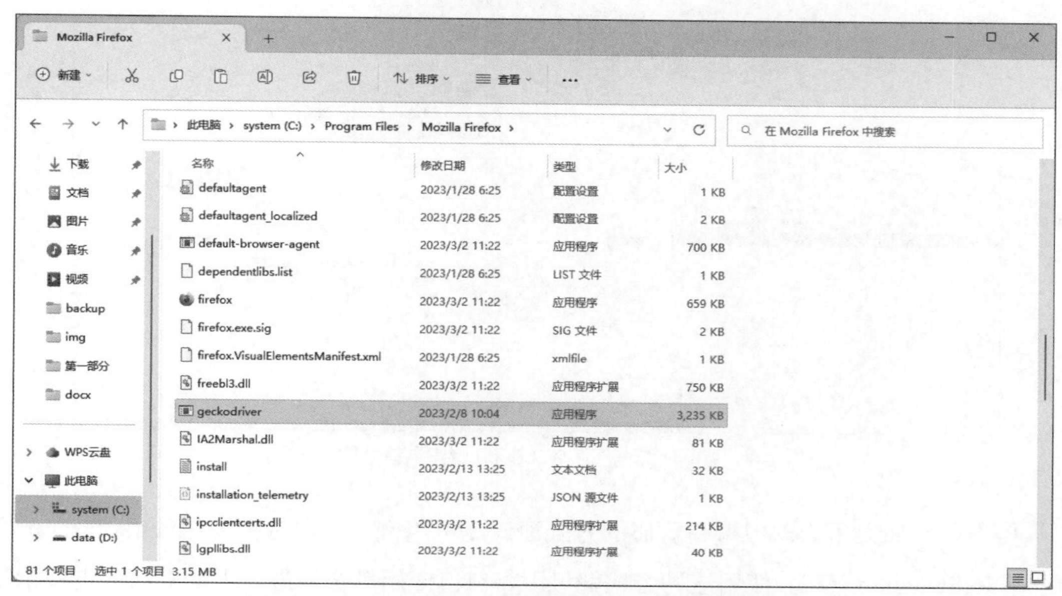

图 3-3　将 geckodriver 文件复制到浏览器的安装目录中

（3）如果想验证 WebDriver 组件的安装是否成功，在存放示例代码的目录中创建一个名为 02_HelloSelenium 的文件夹，在该文件夹中创建一个名为 testGeckoDriver.py 的文件，并在其中输入如下代码。

```
# 导入框架中的 WebDriver 组件
from selenium import webdriver
# 创建操作 Web 浏览器的驱动器对象
driver=webdriver.Firefox()
# 使用驱动器对象打开浏览器并访问指定的 URL
driver.get("https://www.baidu.com")
# 设置浏览器的窗口大小
driver.set_window_size(800, 400)
# 使用驱动器对象关闭浏览器窗口
driver.close()
```

如果在执行上述代码之后，能看到它自动用 Mozilla Firefox 浏览器打开了百度的搜索页面（见图 3-4）并调整了浏览器窗口的大小，就证明 Selenium 框架用于控制 Mozilla Firefox 浏览器的 WebDriver 组件已经成功安装到当前计算机中。

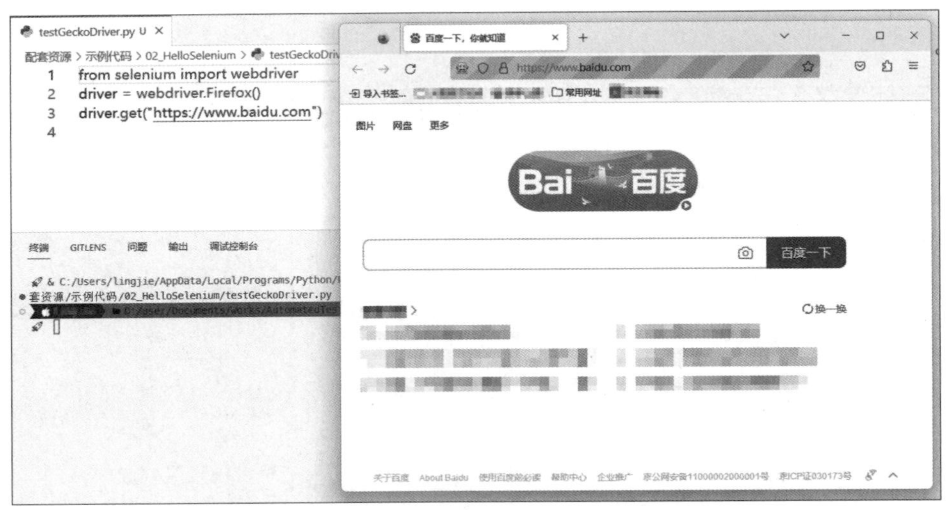

图 3-4　执行代码验证 WebDriver 组件是否安装成功

接下来，如果不喜欢以编写代码的方式设计测试用例，可以选择为 Mozilla Firefox 浏览器安装 Selenium IDE。使用这种方式就可以将自己使用浏览器进行手动测试的过程录制下来，以便导出可重复使用的测试用例，并在必要时自动生成基于指定编程语言的自动化测试脚本。由于在 Mozilla Firefox 浏览器中 Selenium IDE 是以插件的形式存在的，因此其安装步骤如下。

（1）打开 Mozilla Firefox 浏览器的附件管理器，并使用其搜索功能找到 Selenium IDE 的安装页面，如图 3-5 所示。

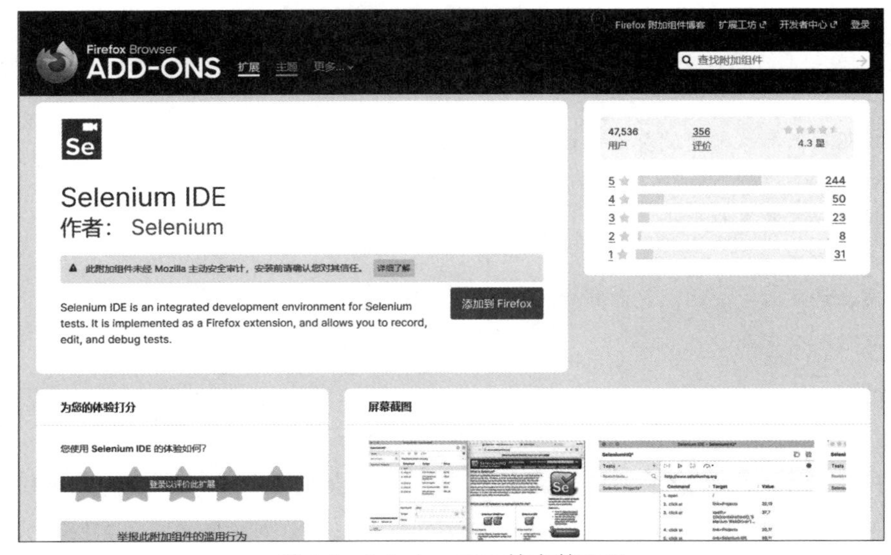

图 3-5　Selenium IDE 的安装页面

（2）在上述页面中，直接单击“添加到 Firefox”按钮即可开始安装。在安装完成后，Selenium IDE 的初始界面如图 3-6 所示。

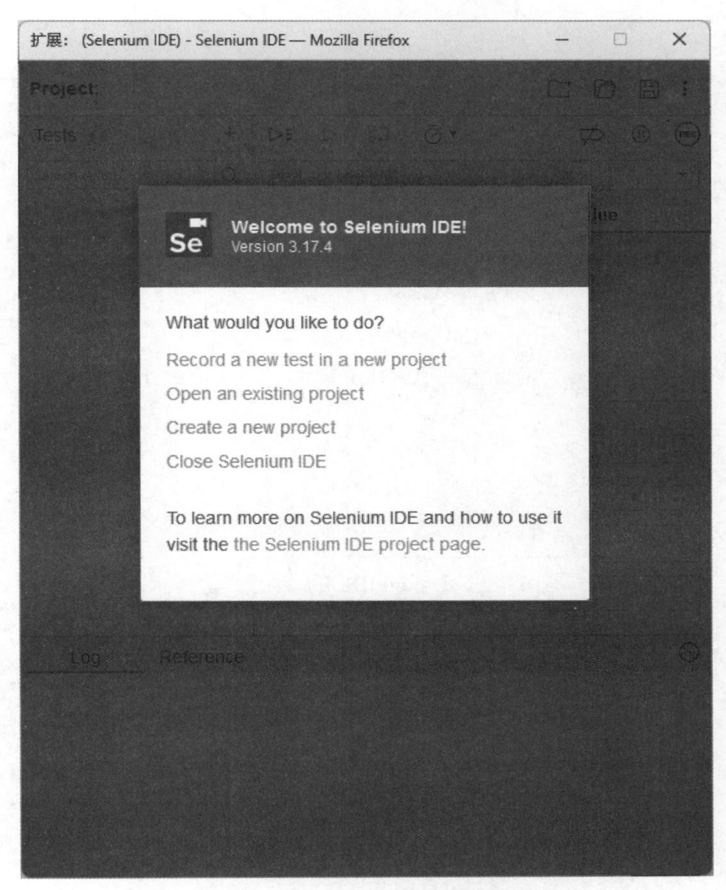

图 3-6　Selenium IDE 的初始界面

如果想验证 Selenium IDE 的安装是否成功，可以执行以下步骤来进行初步试用。

（1）在初始界面中，单击“Create a new project”，新建一个项目，并将其命名为 testSeleniumIDE。项目管理界面如图 3-7 所示。

（2）在项目管理界面中，单击左侧“Tests”后面的“+”按钮，创建一个名为 openBaidu 的测试用例，在项目管理界面中，单击右侧主界面中的REC按钮并输入百度搜索页面的 URL，即可开始录制测试人员在 Web 浏览器中的测试操作。录制界面如图 3-8 所示。

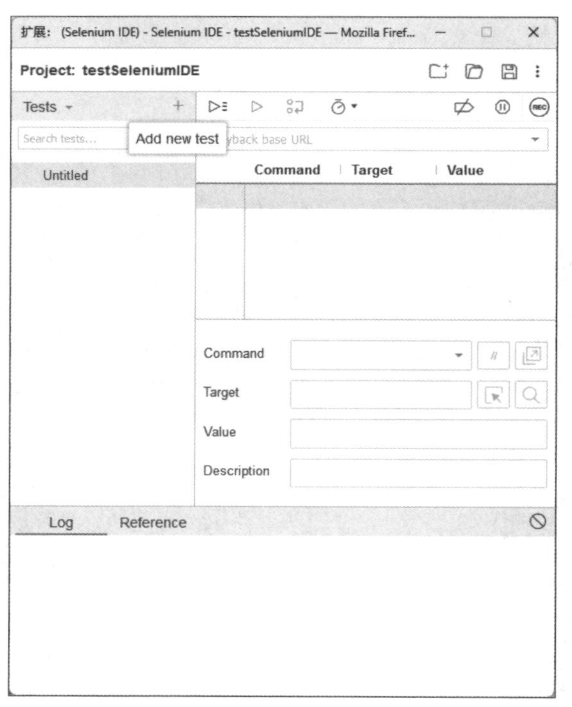

图 3-7　Selenium IDE 的项目管理界面

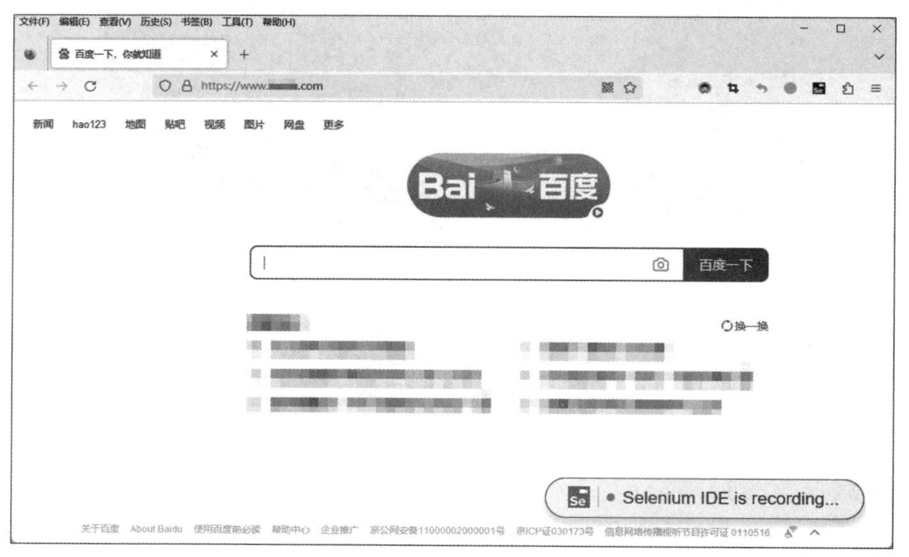

图 3-8　Selenium IDE 的录制界面

（3）在上述浏览器窗口中，完成相关的操作之后，再次单击之前的REC按钮即可结束测试用例的录制。如果想回放该测试用例，只需继续在图 3-7 所示的主界面右侧单击▷按钮即可，如图 3-9 所示。

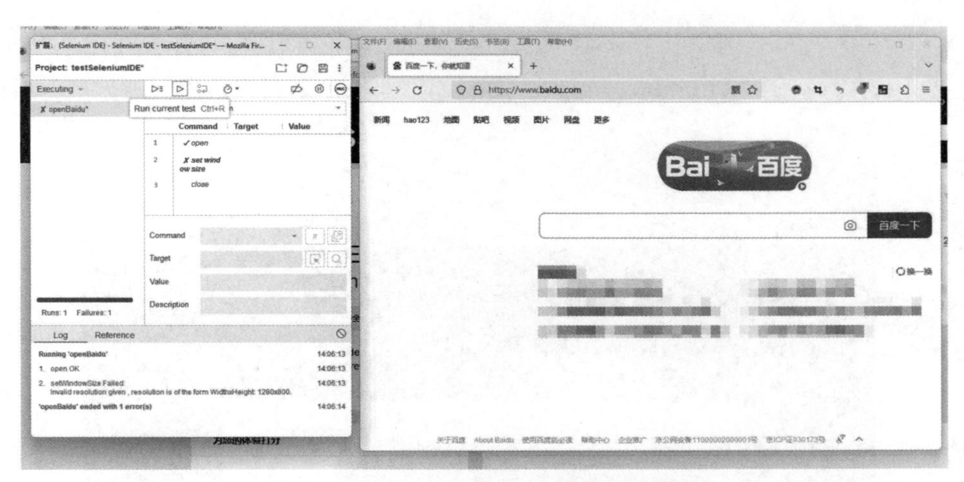

图 3-9 在 Selenium IDE 中回放测试用例

如果上述过程一切顺利，就可以确定面向 Mozilla Firefox 浏览器的 Selenium IDE 已经成功安装到当前计算机中。

Selenium IDE 还支持将之前录制的测试用例导出为指定语言的脚本。例如，如果读者想将之前录制的名为 openBaidu 的测试用例导出，作为基于 Python 语言的自动化测试脚本，可以执行如下步骤。

（1）在图 3-7 所示的界面中，右击该测试用例，在弹出的快捷菜单中选择“Export”，如图 3-10 所示。

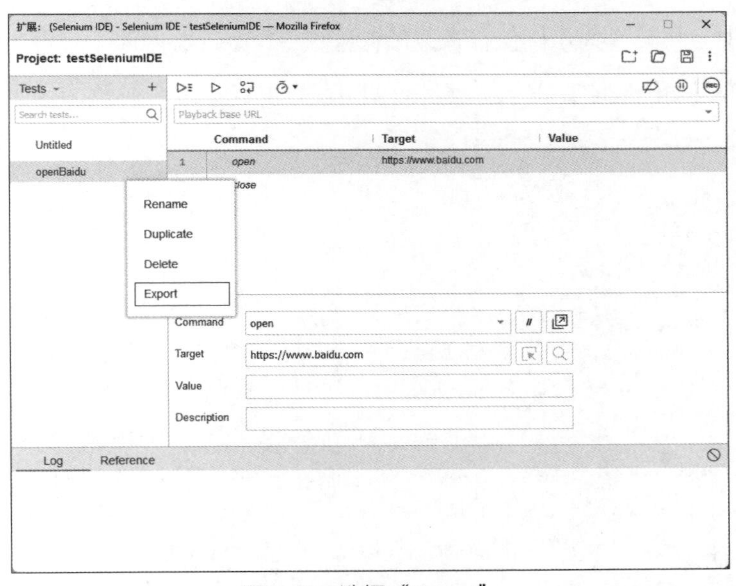

图 3-10 选择“Export”

（2）在弹出的对话框中，选择要导出的是基于哪一种编程语言的自动化测试脚本。在这里，建议选择“Python pytest”单选按钮，并单击“EXPORT”按钮，如图 3-11 所示。

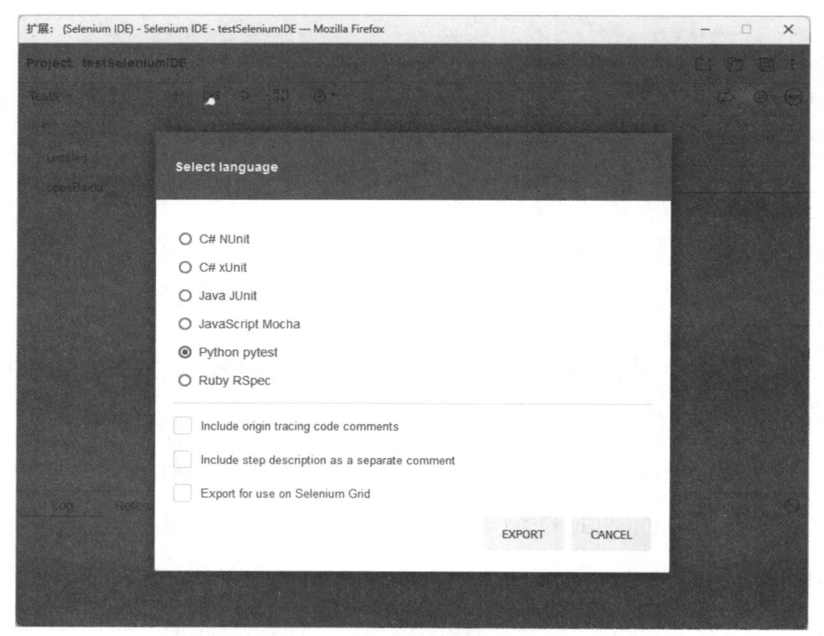

图 3-11　选择脚本使用的编程语言

（3）Selenium IDE 会自动导出一个名为 test_openBaidu.py 的 Python 脚本，选择保存路径（在本书中会将其作为示例保存在之前创建的 02_HelloSelenium 文件夹中），打开后，就可以看到这个自动生成的脚本了，其代码如下。

```
# Generated by Selenium IDE
import pytest
import time
import json
from selenium import webdriver
from selenium.webdriver.common.by import By
from selenium.webdriver.common.action_chains import ActionChains
from selenium.webdriver.support import expected_conditions
from selenium.webdriver.support.wait import WebDriverWait
from selenium.webdriver.common.keys import Keys
from selenium.webdriver.common.desired_capabilities import
```

```
DesiredCapabilities

class TestOpenBaidu():
    def setup_method(self, method):
        self.driver=webdriver.Firefox()
        self.vars={}

    def teardown_method(self, method):
        self.driver.quit()

    def test_openBaidu(self):
        self.driver.get("https://www.baidu.com")
        self.driver.close()
```

该脚本定义了一个名为`TestOpenBaidu`的自定义类型，而该自定义类型是基于PyTest这个第三方测试集成工具实现的。所以，如果想执行这个自动化测试脚本中定义的测试用例，首先需要在命令行终端中通过执行`pip install pytest`命令将该第三方测试集成工具安装到自己的计算机中，然后执行`pytest -v [脚本文件所在路径]`命令即可。在这里，`-v`参数的作用是让PyTest输出测试用例的详细信息，即测试报告，如图3-12所示。

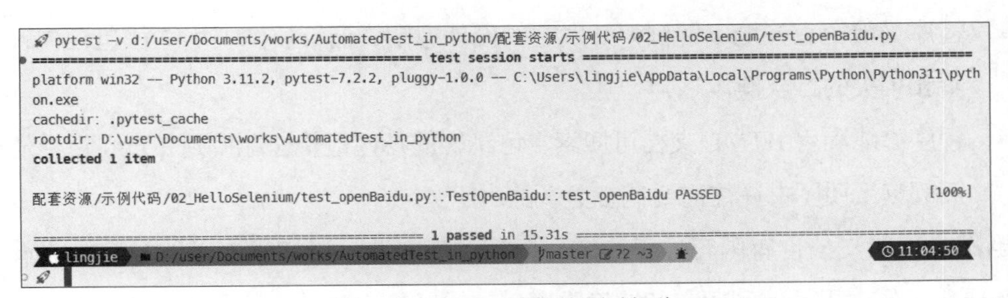
```
pytest -v d:/user/Documents/works/AutomatedTest_in_python/配套资源/示例代码/02_HelloSelenium/test_openBaidu.py
================================================ test session starts ================================================
platform win32 -- Python 3.11.2, pytest-7.2.2, pluggy-1.0.0 -- C:\Users\lingjie\AppData\Local\Programs\Python\Python311\python.exe
cachedir: .pytest_cache
rootdir: D:\user\Documents\works\AutomatedTest_in_python
collected 1 item

配套资源/示例代码/02_HelloSelenium/test_openBaidu.py::TestOpenBaidu::test_openBaidu PASSED                    [100%]

================================================ 1 passed in 15.31s ================================================
lingjie  D:/user/Documents/works/AutomatedTest_in_python  master ✎72 ~3                                  11:04:50
```

图3-12 PyTest输出的测试报告

上述命令的执行效果与之前在Selenium IDE中回放测试用例的过程所取得的效果是完全一致的。由此可以看出，该集成开发环境导出脚本的功能对一些不习惯使用编程语言设计测试用例的初级测试人员来说的确有不小的帮助。但如果想设计出真正具有创造力的测试用例，以保证更好地找出被测试对象中存在的问题，最终还需要学习如何使用编程语言，并基于Selenium框架编写可以执行自动化测试的脚本，而这正是稍后要重点学习的内容。

值得一提的是，如果想将使用 Selenium 框架的测试环境扩展至多台安装了不同操作系统和 Web 浏览器的设备，就需要另行安装该框架中用于多设备并行的组件——Selenium Grid。该组件可以让测试人员在不同的操作系统上并行地针对不同的 Web 浏览器执行测试任务，它的作用是建立基于 Hub-Node（中心节点）分布式架构的自动化测试网络。这类网络通常由一台扮演管理者角色的Hub设备和若干台用于执行具体任务的Node设备组成，Hub 设备负责管理该网络中的各个 Node 设备，接收来自测试人员的测试任务请求，并把这些测试任务分配给符合要求的 Node 设备。

当然，搭建分布式架构的自动化测试网络并不是本章要讨论的主题。由于篇幅限制，这里就不演示它的搭建方法了，如有需要，可参考 Selenium 框架官方文档中关于 Selenium Grid 组件的详细介绍。

3. 查阅官方文档

对于程序员来说，学习和使用新的框架编写程序源代码的工作往往是从查阅该框架的官方文档开始的。与纸质技术类图书相比，学会阅读开发框架的官方文档主要有如下好处。

- 程序员能更及时地获得框架开发方提供的第一手资料，因为这些官方文档无须经历纸质图书的出版流程。
- 程序员能更直接地了解框架开发方的设计意图，而纸质图书中往往包含作者的理解和相关的二次操作。
- 程序员能利用 HTML 文档可搜索、可跳转的特性更快速地找到并查看目标信息，而阅读纸质图书往往需要花费更多的时间。

当然，这些文档也有内容过于简洁、用词过于专业、对初学者不够友好等缺点，程序员想要在工作中更好地利用它们的确需要一定的经验。面对这一问题，接下来将以使用 Selenium 框架编写自动化测试脚本为例，初步介绍利用该框架提供的官方文档来解决问题的基本步骤。

（1）拥有一定用户基础的开发框架通常会提供一个官方网站，程序员只需要在搜索引擎中输入框架的名称就可以快速找到其官方网站。例如，在搜索引擎中搜索“Selenium”关键字，就可以快速找到并访问 Selenium 框架的官方网站，如图 3-13 所示。

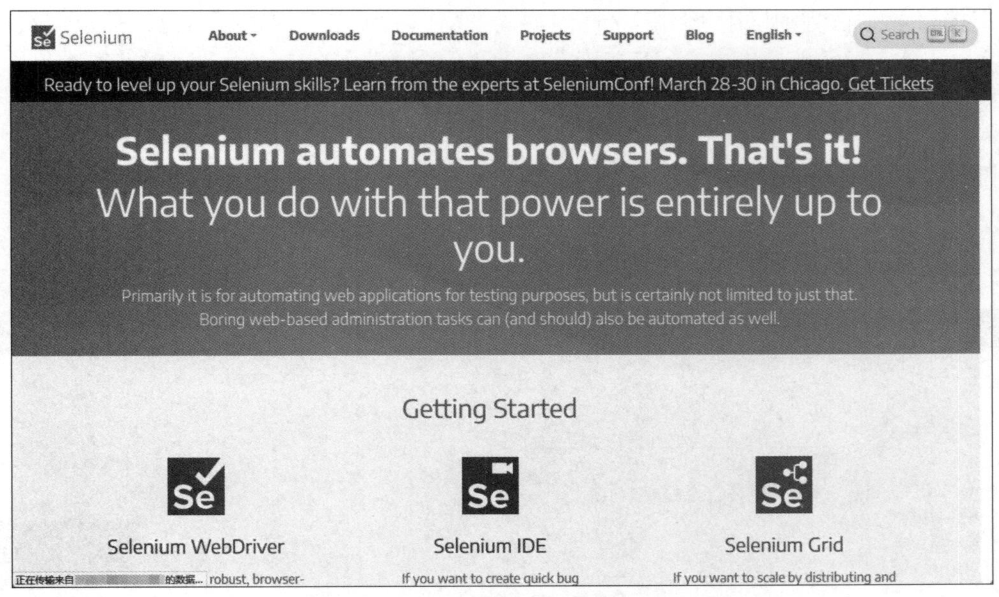

图 3-13　Selenium 框架的官方网站

（2）通常情况下，开发框架的官方网站会在首页放置其文档的访问链接。例如，在图 3-13 所示页面的顶部找到“Documentation”，单击它就可以直接跳转到 Selenium 框架的官方文档页面了，如图 3-14 所示。

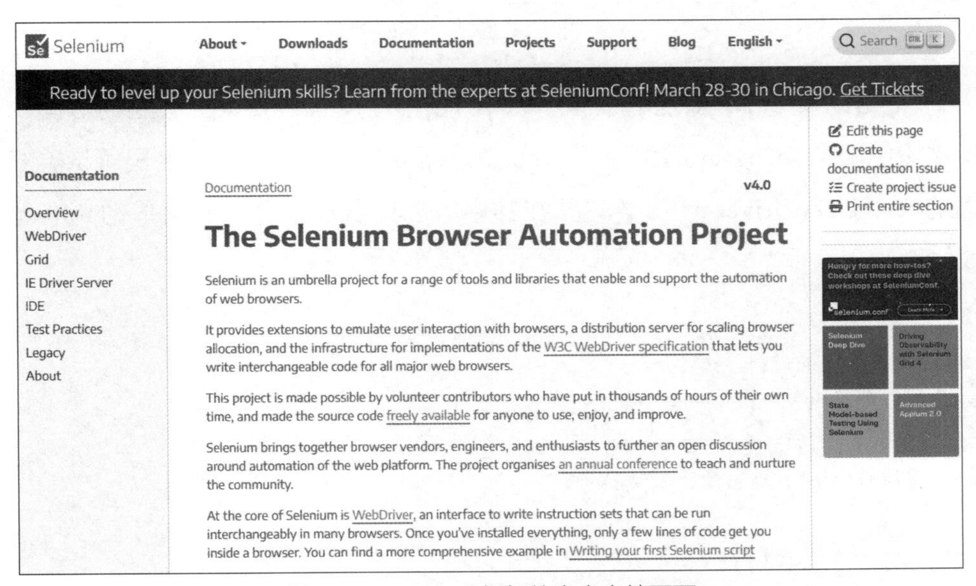

图 3-14　Selenium 框架的官方文档页面

（3）开发框架的官方文档页面通常都有与 Windows 资源管理器类似的分布结构，左侧是文档目录，右侧则是用于阅读文档内容的主窗口，读者可以根据自己的需求查看相关的资料。例如，如果想知道 WebDriver 组件究竟提供哪些可控制浏览器窗口的 API，可以在图 3-14 所示页面的左侧选择“WebDriver”→“Getting Started”，就可以在右侧开始阅读这部分文档了，如图 3-15 所示。

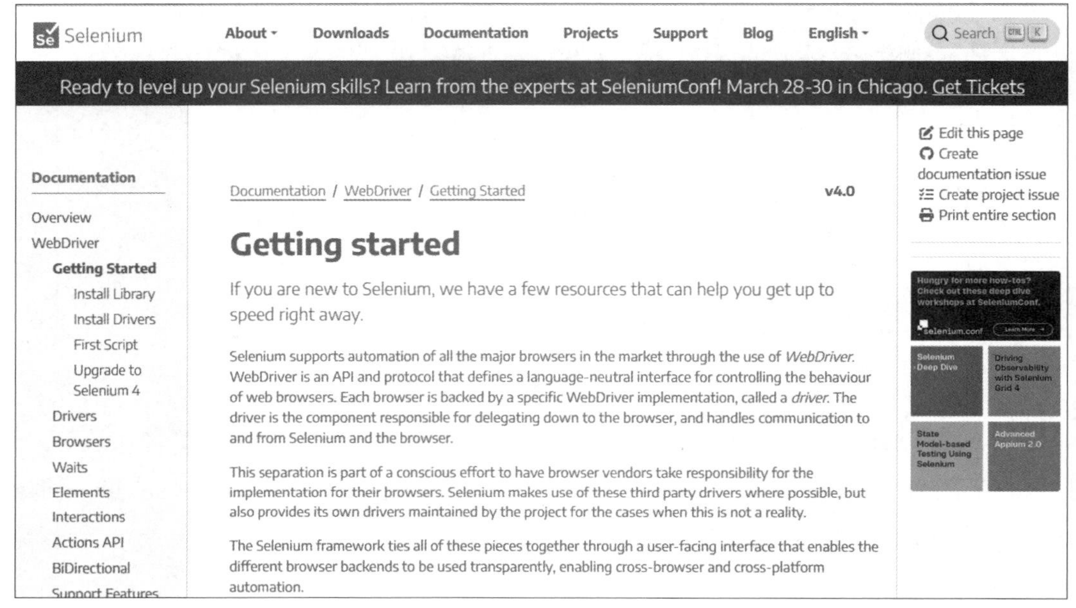

图 3-15 阅读官方文档

（4）根据图 3-15 所示的页面提供的入门教程，读者只要花上一定的时间，就可以初步掌握使用 WebDriver 组件控制 Web 浏览器的方法。例如，在这里可试着修改之前创建的 testGeckoDriver.py 脚本，并在其中添加更多操作浏览器窗口的 API 调用，观察效果。

```
from time import sleep
# 导入框架中的 WebDriver 组件
from selenium import webdriver
# 创建操作 Web 浏览器的驱动器对象

def TestGeckodriver(Url):
    driver=webdriver.Firefox()
    # 使用驱动器对象打开浏览器并访问指定的 URL
    driver.get(Url)
```

```
        # 设置浏览器的窗口大小
        driver.set_window_size(800, 400)
        # 等待 3 秒再继续
        sleep(3)
        # 使用驱动器对象刷新当前页面
        driver.refresh()
        # 等待 3 秒再继续
        sleep(3)
        # 使用驱动器对象最大化浏览器窗口
        driver.maximize_window()
        # 等待 3 秒再继续
        sleep(3)
        # 使用驱动器对象关闭浏览器窗口
        driver.close()
        # 使用驱动器对象退出浏览器程序
        driver.quit()

# 调用测试方法
if (__name__=="__main__"):
    TestGeckodriver("https://www.baidu.com")
```

以上脚本在执行时首先会打开一个浏览器窗口并访问百度的搜索页面，然后会将浏览器的窗口设置为 800×400 像素的大小。接着等待 3 秒之后，刷新页面，再过 3 秒之后，执行最大化浏览器窗口的操作，再过 3 秒，关闭浏览器窗口并退出浏览器所在的进程。由此，读者将针对浏览器窗口的主要操作大致执行了一遍。

关于 Selenium 框架的更多 API 的调用，第 4 章将结合具体的测试用例设计来演示。在这里，希望读者能先参考不同类型的资料，它们有着各自的优点：开发框架的官方文档更接近于字典或产品说明书；纸质图书则更侧重于由浅入深地介绍方法论。初学者可以先通过阅读纸质图书了解自己将要使用的框架，在对它的设计思路有了一定程度的理解之后，就可以在工作中利用其官方文档来培养自己“学中做，做中学”的能力，从而累积经验。

3.2 Robot Framework 框架

为了让读者更好地理解快速学习新框架的思路，本节会介绍一个名为 Robot Framework

的自动化测试框架。希望读者能参考本节的流程，从中总结出适合自己的快速学习方法。

与 Selenium 框架相比，Robot Framework 框架是一款更通用、可扩展的自动化测试框架，它最大的特点是支持关键字驱动的测试方法。这意味着，测试人员先基于该框架的扩展规则导入其他用 Python 或 Java 实现的第三方测试扩展（如 Selenium 框架），并将这些扩展的“住处”编写成 HTML、TXT 等格式的关键字文档，就可以获得一款强大的测试工具了。之后，只需再以关键字的形式编写测试用例即可进行测试。总而言之，掌握 Robot Framework 框架的学习重点就是切实地理解关键字驱动的自动化测试方法（简称关键字驱动测试）。接下来，将具体介绍这一测试方法及其背后的工作原理。

3.2.1 关键字驱动测试

在测试方法中，关键字驱动测试的主要思路是对程序员编写的自动化测试代码进行两次分离。第一次，将该测试代码中使用的具体测试数据分离出来；第二次，从已分离数据的代码中将模仿人类行为的部分分离出来，然后在工作中基于具体的测试数据与指定的行为生成对应的自动化测试代码。这样做有利于更加便捷地进行自动化测试代码的管理，提高这些代码的复用性，让自动化测试的工具更容易被初学者理解并使用。

上述理论有些复杂，下面举一个简单的例子。如果读者编写了一个用于测试“用户登录”功能的自动化测试脚本，那么该脚本代码中用于测试的每一组用户名和密码都属于具体的测试数据，在关键字驱动测试中，它们应该首先被分离出去。剩下的代码包含“输入用户名和密码”“单击登录按钮”等模仿人类行为的部分，也有“检查输入是否有效”“检查登录是否成功”等执行目标程序流程的测试部分。第二次分离工作要做到的是将模仿人类行为的部分从中分离出来，并保存为与相应测试功能相关联的关键字。这样在后续工作中就可以选择一组用户数据，加上指定的关键字，让基于 Robot Framework 框架的自动化测试工具自动生成测试代码，如表 3-1 所示。

表 3-1 “数据 + 关键字”驱动测试

数据	关键字	生成的测试代码
用户张三（用户名，密码）	输入用户名和密码	检查输入是否有效的测试代码
用户张三（用户名，密码）	单击“登录”按钮	检查登录是否成功的测试代码

从上述例子可以看出，关键字驱动测试的核心思路就是将自动化测试脚本中用于模仿人类行为的部分分离出来，作为以关键字形式存在的固定测试动作。之后只需要提供具体的测试数据，就可以实现与测试动作相对应的自动化测试代码了。而这个分离行为的过程被称为“关键字封装”。

3.2.2 快速上手教程

在理解了 Robot Framework 框架的基本工作原理之后，读者就可以开始学习如何在具体项目中导入该框架，并配置使用该框架进行自动化测试所需要的相关工具了。对于新的开发框架，程序员几乎都是从这一步开始上手的。

1．安装框架文件

我们可以利用 Robot Framework 框架的可扩展性来导入 Selenium 框架，因此在接下来的演示中，本书会选择继续在之前配置了 Selenium 框架的环境中介绍 Robot Framework 框架的安装与配置方法。具体步骤如下。

首先，确认当前计算机中已经安装了 Selenium 框架，以及与 Web 浏览器相匹配的 WebDriver 组件。

然后，在当前计算机中打开 PowerShell 命令行终端，并在其中执行 `pip install robotframework` 命令来安装 Robot Framework 框架。在这里，安装的是 Robot Framework 6.0.2，如图 3-16 所示。

待上述安装过程顺利完成之后，根据自己安装的框架版本，配置使用该框架的自动化测试环境。

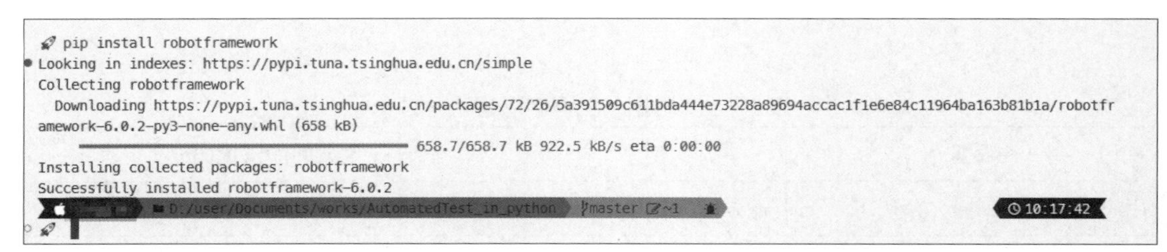

图 3-16　安装 Robot Framework 框架

2．配置框架环境

为了更便捷地使用 Robot Framework 框架，人们通常会选择为其配置名为 RIDE 的集成开发环境，这是一款基于 Python 语言的、专门针对 Robot Framework 框架编写测试用例的软件。它的安装方法非常简单，只需继续在之前打开的命令行终端中执行 `pip install robotframework-ride` 命令即可。在这里需要特别提醒的是，如果使用的是最新版本的 Python 运行环境，它对应的 RIDE 版本可能还未更新到 pip 包管理器的软件仓库中。为了解决这一问题，可在 GitHub 网站中搜索“robotframework/RIDE”项目，并根据其官方说明来安装该软件。总而言之，待该软件安装完成之后，当前计算机的桌面上就会出现图 3-17 所示的 RIDE 图标。

图 3-17　RIDE 图标

接下来，可以通过试用 RIDE 初步体验一下这个框架的功能。具体步骤如下。

（1）在当前计算机的桌面上双击图 3-17 所示的图标，稍等片刻，就会弹出 RIDE 的初始界面，如图 3-18 所示。

（2）在图 3-18 所示的界面中，从菜单栏中选择“File”→“New Project”，创建一个名为 03_HelloRobot 的新项目，保存目录依然为之前约定的“配套资源\示例代码”目录，如图 3-19 所示。在选择项目类型时，读者如果想创建的是一个多文件的项目，就选择“Directory”单选按钮；否则，保持默认选项即可。

图 3-18 RIDE 的初始界面

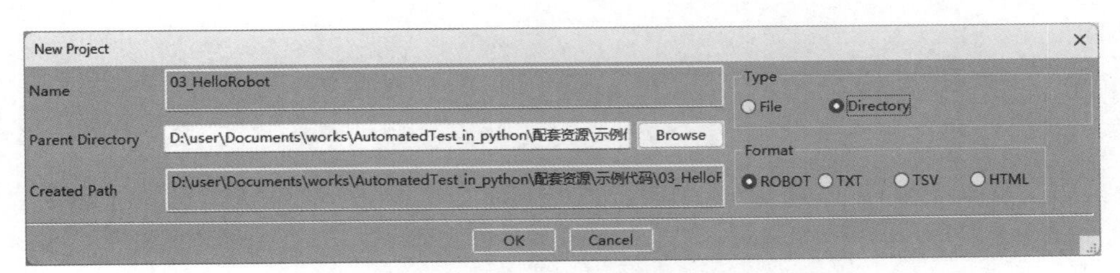

图 3-19 在 RIDE 中创建新项目

（3）在图 3-20 所示的项目管理界面中，可以看到这个新项目了。在该界面中，除了顶部的菜单栏和工具栏之外，其工作区主要由 3 个窗格组成。左侧上半部分的“Files”窗格可被视为当前计算机的资源管理器，其中显示的是当前文件所在的目录；左侧下半部分的“Test Suites”窗格可被视为项目管理器，其中显示的是我们使用 RIDE 创建的项目及其相关资源；右侧占大部分区域的窗格就是当前项目的主工作区。

（4）在 RIDE 中的管理单元分为项目、测试套件和测试用例 3 个级别，因此在图 3-20 所示的界面左侧的“Test Suites”窗格中右击之前创建的 03_HelloRobot 项目，在弹出的快捷菜单中选择“Add Suite”，新建测试套件。在这里，将该套件命名为 testOpenBaidu，如图 3-21 所示。

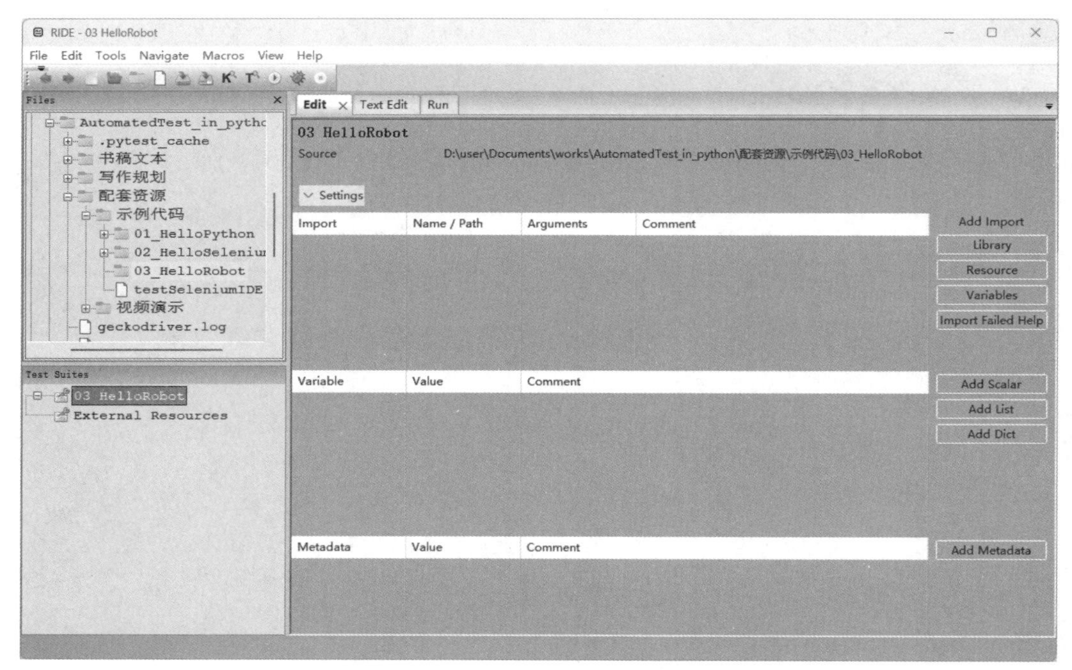

图 3-20　RIDE 的项目管理界面

图 3-21　在 RIDE 中新建测试套件

（5）在“Test Suites”窗格中右击之前创建的 testOpenBaidu 测试套件，在弹出的快捷菜单中选择“New Test Case”，新建测试用例。在这里，将该测试用例命名为 openBaiduCase，如图 3-22 所示。

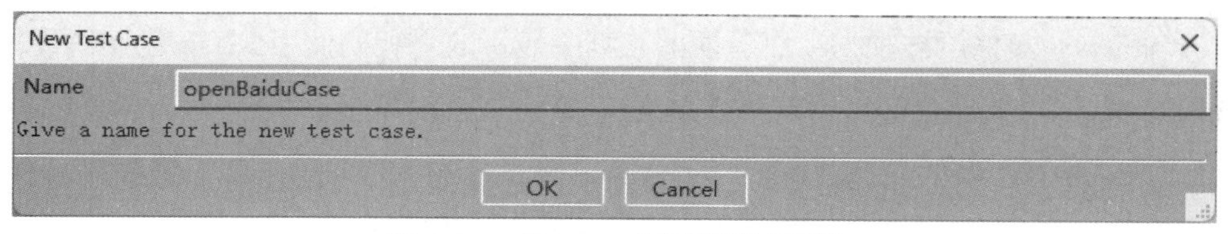

图 3-22　在 RIDE 中新建测试用例

（6）在 RIDE 的主界面中，可以看到图 3-23 所示的项目信息。此刻，主界面右侧工作区呈现的就是当前测试用例的编辑界面。接下来，需要在该界面中进行测试用例的具体设计。

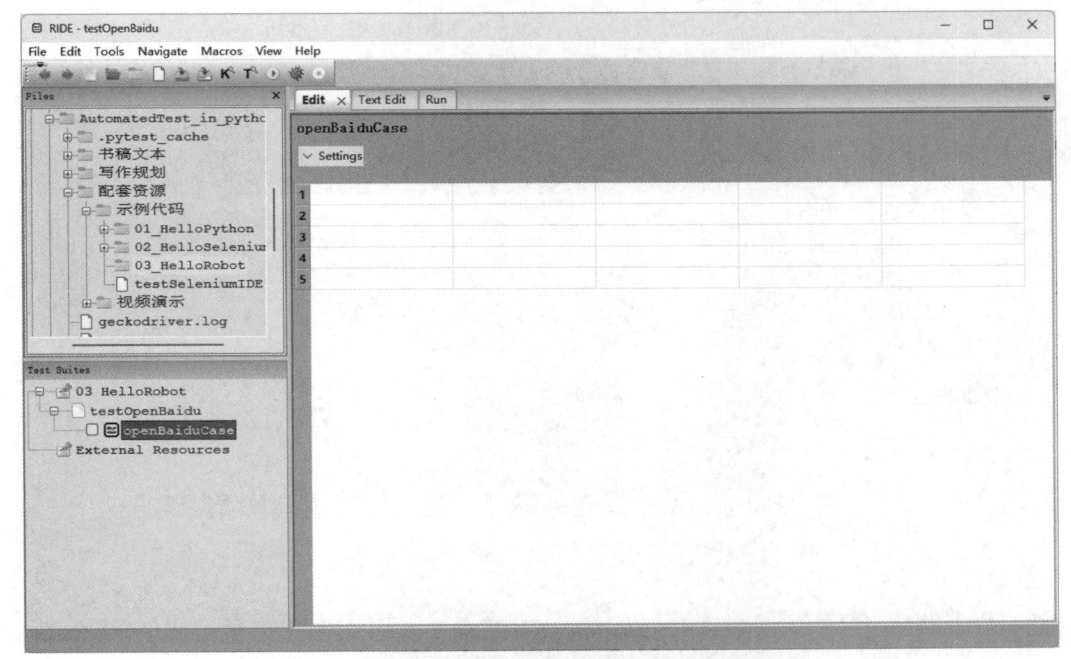

图 3-23　RIDE 的测试用例的项目信息和编辑界面

（7）要在 Robot Framework 框架中设计测试用例，首先要做的就是将 Selenium 框架作为第三方库导入当前项目中。具体操作是，首先，打开命令行终端并在其中执行 `pip install robotframework-selenium2library` 命令，安装对应的插件；然后，回到 RIDE 中，如图 3-24 所示，在“Test Suites”窗格中单击之前创建的 testOpenBaidu 测试套件，并在右侧主工作区中单击“Add Import”选项区域下面的“Library”按钮。

（8）在图 3-25 所示的对话框中，填写要导入的扩展“Selenium2Library”（注意，区分大小写），并单击“OK”按钮，即可完成 Selenium 框架的导入。待扩展添加完成之后，我们就可以在图 3-26 所示的界面中看到该扩展了。如果该扩展的名称为黑色的，即证明该扩展已经成功导入；如果为红色的，则可能遇到了一些路径问题，直接的解决方法就是找到该扩展的安装目录（该目录通常位于 [Python 安装目录]\lib\site-packages\ 目录下），并在其中创建一个名为 GLOBAL_VARIABLES.py 的空文件。

RIDE - testOpenBaidu
File Edit Tools Navigate Macros View Help
Files
works
AutomatedTest_in_pythc
.pytest_cache
书稿文本
写作规划
配套资源
示例代码
01_HelloPython
02_HelloSeleniu
03_HelloRobot
testOpenBaidu
testSeleniumIDE
Test Suites
03 HelloRobot
testOpenBaidu
openBaiduCase
External Resources
Edit
Text Edit
Run
testOpenBaidu
Source
D:\user\Documents\works\AutomatedTest_in_python\配套资源\示例代码\03_HelloRobot\testOpenBaidu.robot
Settings
Import
Name / Path
Arguments
Comment
Add Import
Library
Resource
Variables
Import Failed Help
Variable
Value
Comment
Add Scalar
Add List
Add Dict
Metadata
Value
Comment
Add Metadata

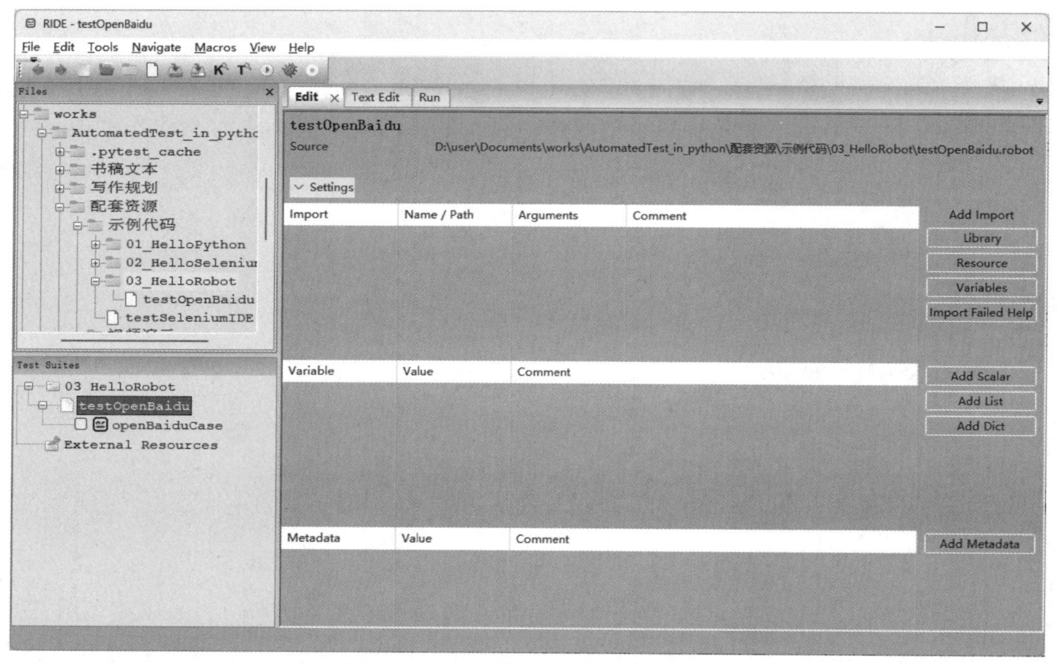

图 3-24 RIDE 的测试套件编辑界面

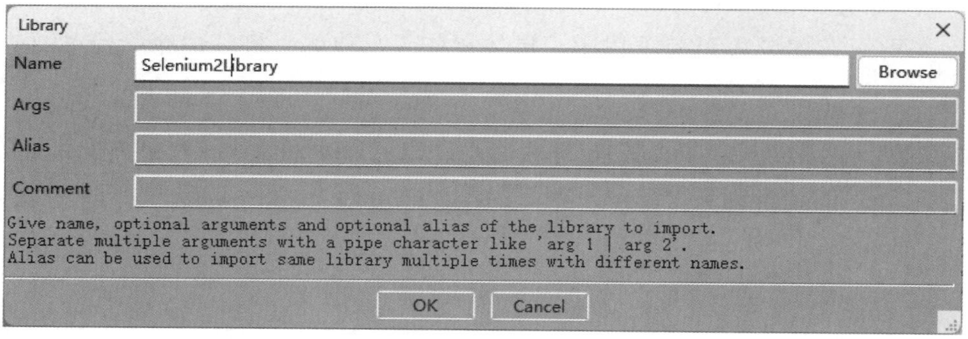

Library
Name
Selenium2Library
Browse
Args
Alias
Comment
Give name, optional arguments and optional alias of the library to import.
Separate multiple arguments with a pipe character like 'arg 1 | arg 2'.
Alias can be used to import same library multiple times with different names.
OK
Cancel

图 3-25 在“Library”对话框中导入“Selenium2Library”扩展

（9）在“Test Suites”窗格中选择 testOpenBaidu → openBaiduCaSe，回到 RIDE 的测试用例编辑界面，使用 Robot Framework 框架的内置关键字编写如下测试脚本（在编写过程中，按 Alt+Ctrl+Space 快捷键，查看当前可用的关键字），如图 3-27 所示。

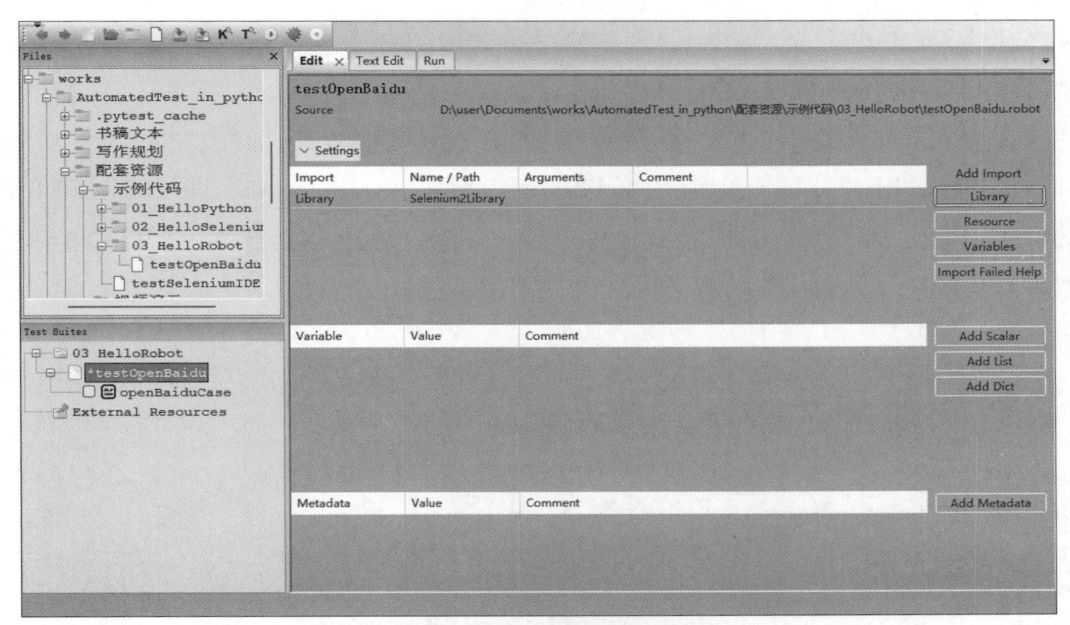

图 3-26　RIDE 中的扩展列表界面

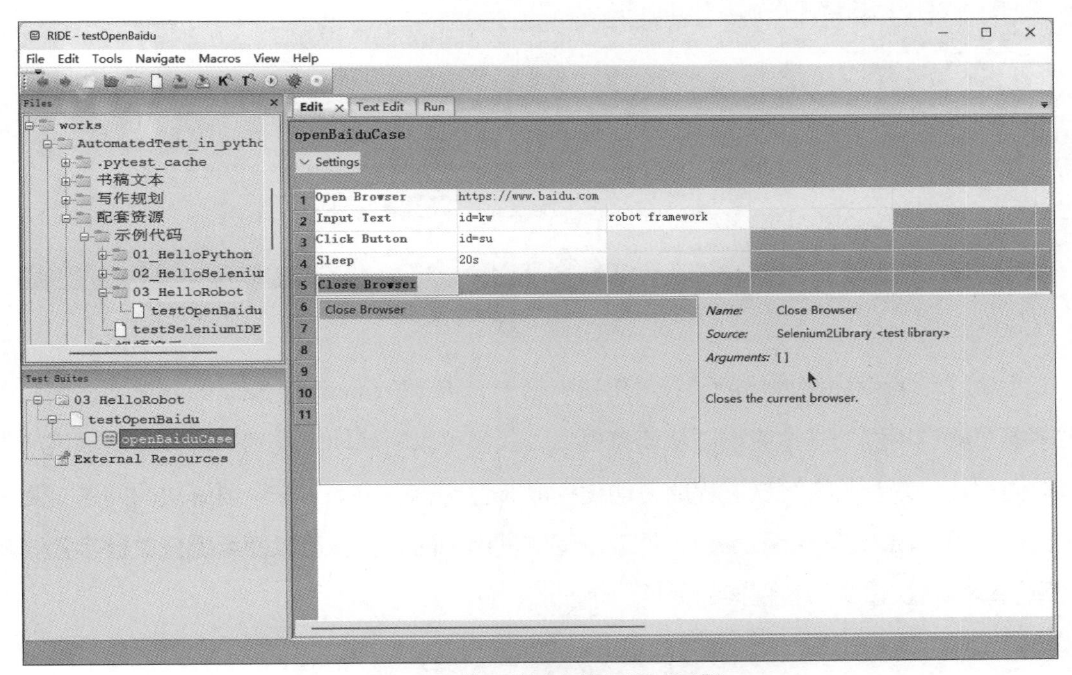

图 3-27　使用关键字编写测试用例

① 打开浏览器并访问百度的搜索页面。

② 在搜索框中输入 robot framework。

③ 单击“百度一下”按钮。

④ 让浏览器窗口等待 5 秒。

⑤ 关闭浏览器。

（10）在 RIDE 顶部的菜单栏中依次选择“Tools”→“Run Tests”即可启动当前的测试用例。待测试用例执行完成之后，RIDE 右侧的主工作区中将会自动报告测试的结果，如图 3-28 所示。

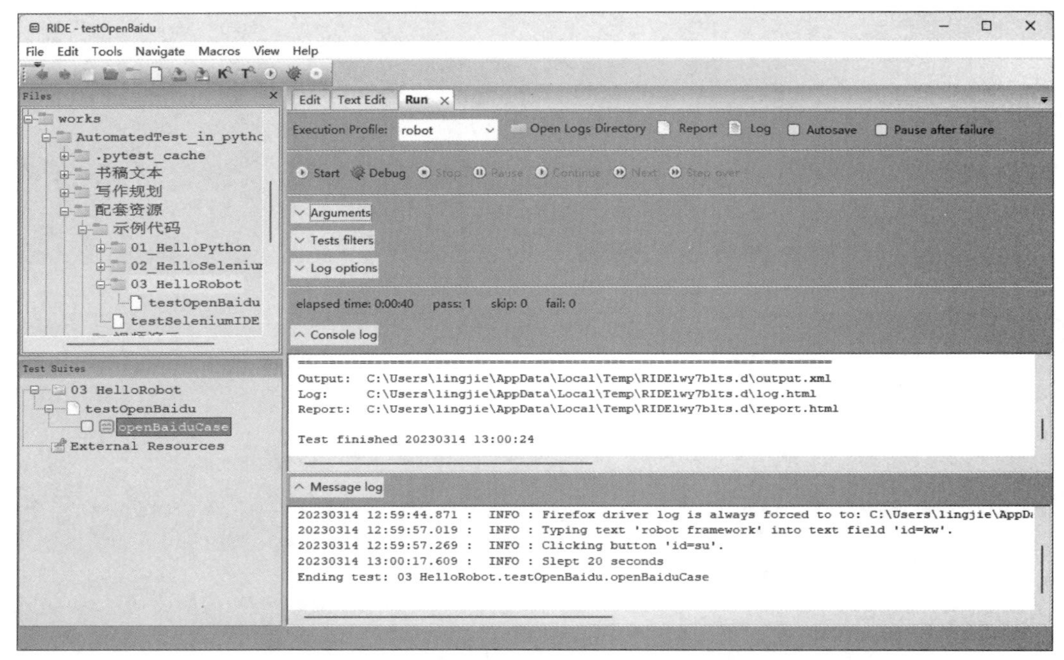

图 3-28　测试用例的测试结果

至此，读者就完整地体验了在 RIDE 中基于 Robot Framework Selenium 框架，使用关键字编写测试用例的基本流程。从该流程中，我们可以明确地感受到关键字驱动测试所带来的便利性，以及整个测试过程的自动化程度。但这也引出了下一个要解决的问题：**测试人员在使用 Robot Framework 框架编写测试用例时，究竟可以使用哪些关键字？**这就来到了程序员快速学习新框架的最后一个步骤。

3．查阅官方文档

对于测试人员来说，学习使用 Robot Framework 框架进行自动化测试工作的第一步是掌握该框架提供的内置关键字。而要想了解这些内置关键字，较便捷的方法就是查阅

Robot Framework 框架的官方文档。具体步骤如下。

（1）在搜索引擎中输入“robot framework”并搜索，就可以快速找到并访问 Robot Framework 框架的官方网站，如图 3-29 所示。

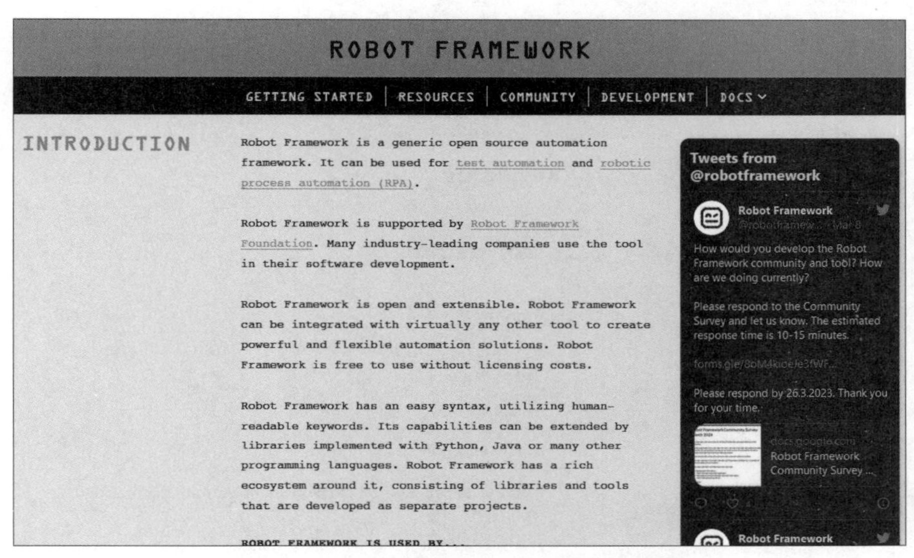

图 3-29 Robot Framework 框架的官方网站

（2）在图 3-29 所示的网站的顶部，从“DOCS”下拉列表中选择“Keywords”，即可跳转到 Robot Framework 框架的内置关键字文档页面，如图 3-30 所示。

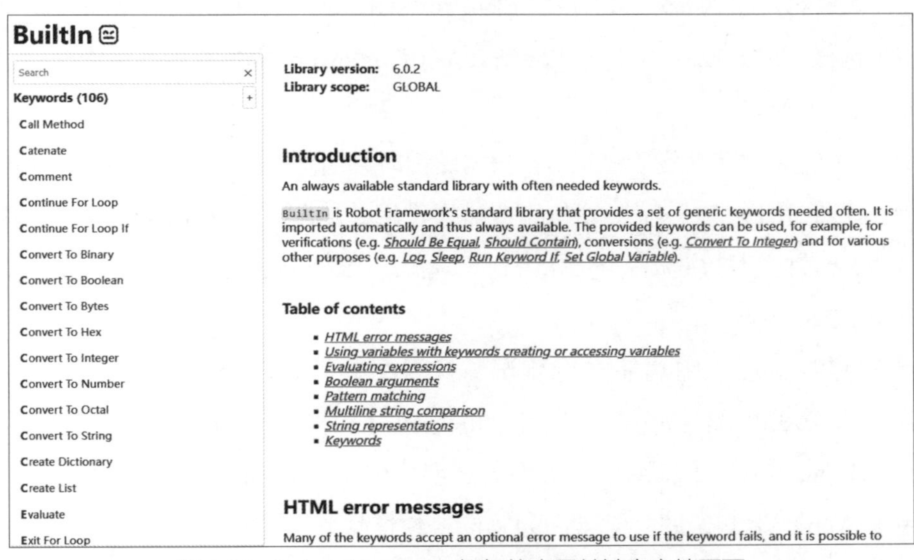

图 3-30 Robot Framework 框架的内置关键字文档页面

（3）从图 3-30 所示的文档页面中，可以看到 Robot Framework 提供了大量内置关键字，这些关键字主要用于变量定义、循环控制、数据计算、进制转换、断言判断、日志输入 / 输出等基本测试。例如，如果想知道“Call Method”关键字的作用及其参数，就可以使用该文档页面中的搜索功能，其详细说明页面如图 3-31 所示。

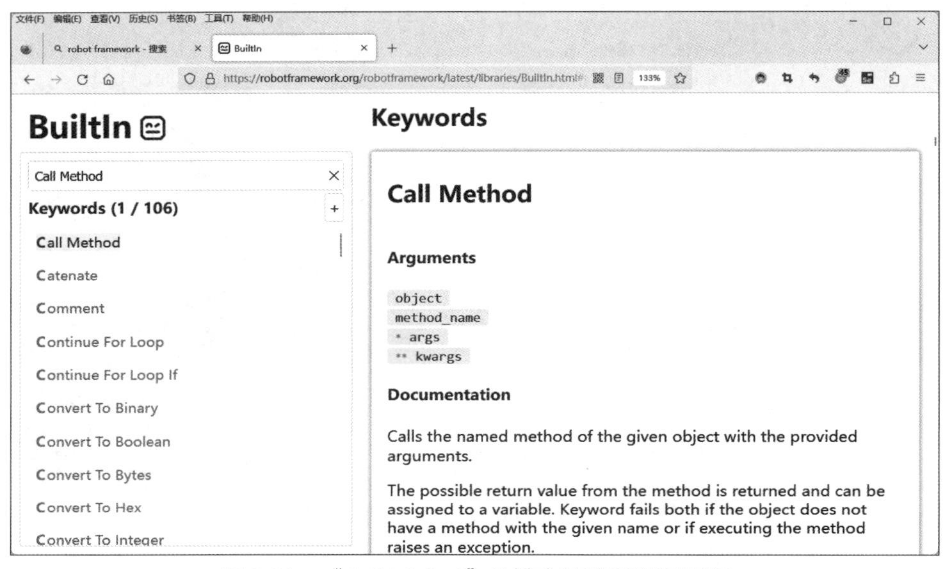

图 3-31 “Call Method”关键字的详细说明页面

在掌握了 Robot Framework 框架的内置关键字之后，就要了解该框架的标准库中提供的关键字。如果想查阅这部分关键字的文档，可在图 3-29 所示的网站的顶部，从“DOCS”下拉列表中选择“Libraries”，即可跳转到 Robot Framework 框架的标准库中的关键字文档页面，如图 3-32 所示。

图 3-32 中的关键字涵盖了程序员在日常编程时会用到的测试功能。例如，Collections 组的关键字主要用于列表、字典等与集合类操作相关的测试，DateTime 组的关键字主要用于与日期、时钟类型数据相关的测试等。读者可以根据自己的需求单击相应的“View”按钮，查阅相关的文档。

如果还想对更复杂的功能进行测试，就需要专门学习经由第三方库导入的关键字，而这需要读者查阅这些第三方库提供的官方文档。例如，之前所使用的“Open Browser”“Input Text”（见图 3-27）等关键字是借由 Selenium2Library 这个第三方库导入的专用于 Web 前端测试的关键字。如果读者想查阅该第三方库提供的关键字文档，可执行如下步骤。

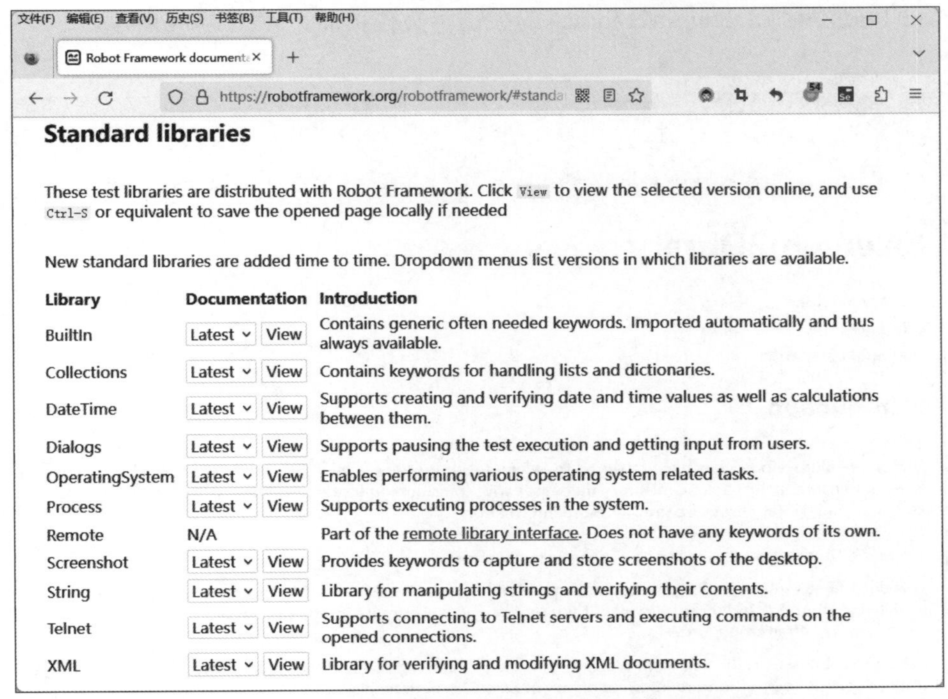

图 3-32　Robot Framework 框架的标准库中的关键字文档页面

（1）在搜索引擎中输入“robot framework selenium2library”并搜索，就可以快速找到并访问 Selenium2Library 项目的官方网站，如图 3-33 所示。

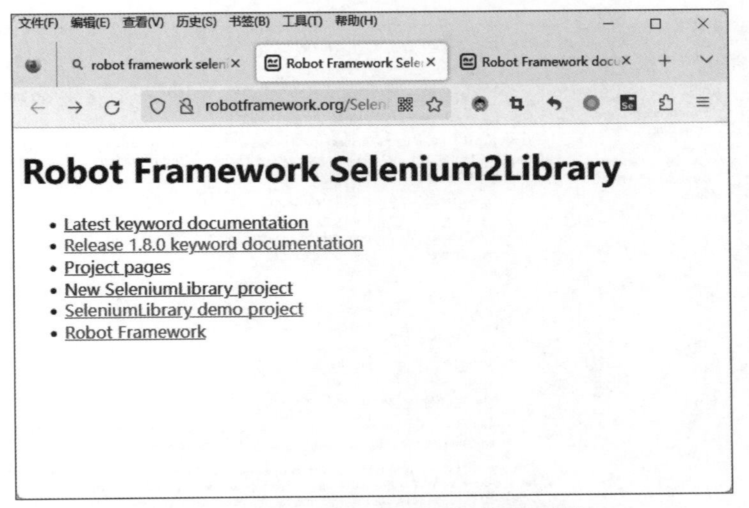

图 3-33　Selenium2Library 项目的官方网站

（2）在图 3-33 所示的网站中，找到名为“Latest keyword documentation”的链接

并单击，即可跳转到 Selenium2Library 的关键字文档页面，如图 3-34 所示。

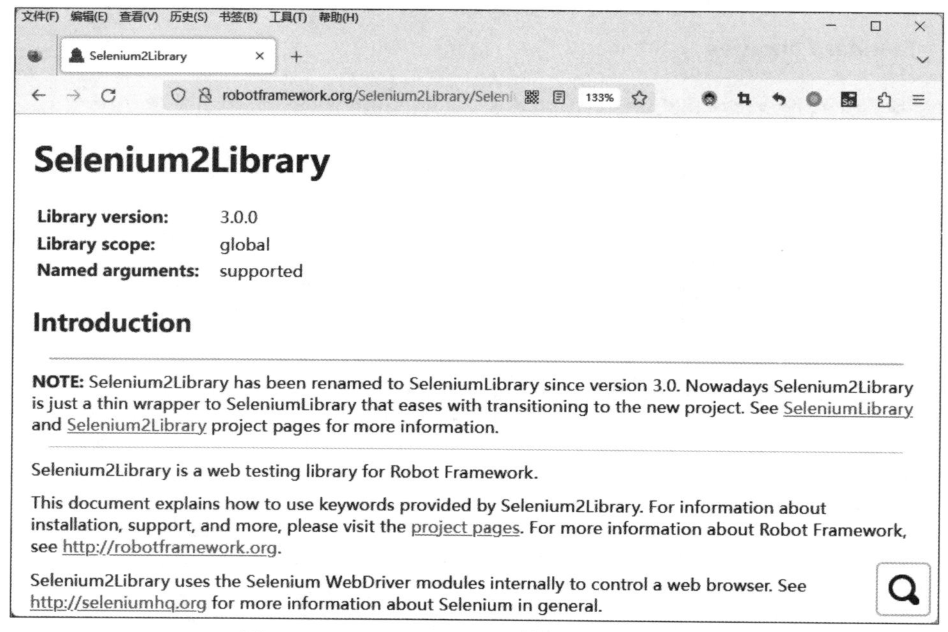

图 3-34 Selenium2Library 的关键字文档页面

（3）在图 3-34 所示的文档页面中，单击底部的按钮，使用搜索功能快速定位自己要查阅的关键字。例如，图 3-35 显示的就是“Open Browser”关键字的使用说明。

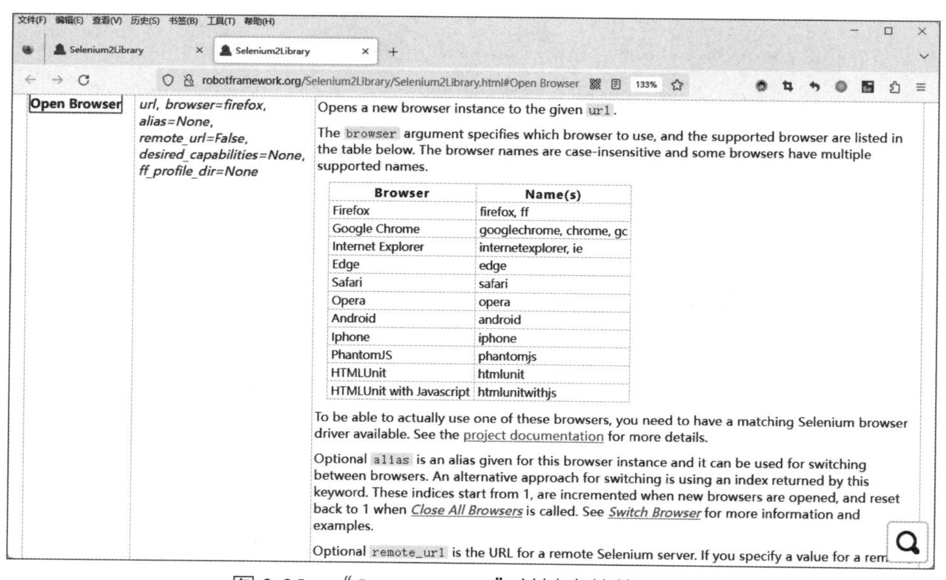

图 3-35 “Open Browser”关键字的使用说明

在某些特殊情况下，读者也可以通过建立用户关键字将自己编写的代码封装成可供 Robot Framework 框架调用的关键字。例如，假设在这里需要将之前编写的 testGeckoDriver.py 脚本封装成一个名为“Test Geckodriver”的关键字，可执行以下步骤。

（1）回到 RIDE 中，在“Test Suites”窗格中单击之前创建的 testOpenBaidu 测试套件，并在右侧主工作区中单击“Add Import”选项区域下面的“Library”按钮，在弹出的对话框中，单击“Browse”按钮，将之前编写的 testGeckoDriver.py 脚本作为扩展导入当前测试套件中，结果如图 3-36 所示。

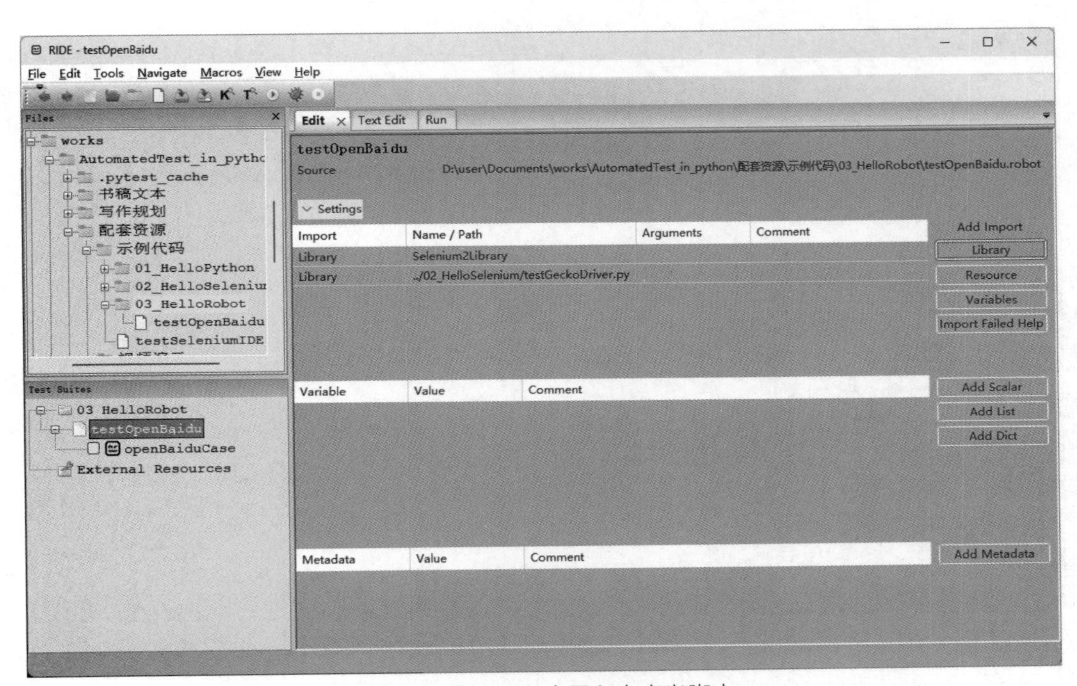

图 3-36 在 RIDE 中导入自定义脚本

（2）在“Test Suites”窗格中右击之前创建的 testOpenBaidu 测试套件，并在弹出的快捷菜单中选择“New User Keyword”，新建自定义关键字。在这里，将该关键字命名为 Test Geckodriver，并指定它有一个名为 `${Url}` 的参数，如图 3-37 所示。

（3）在“Test Suites”窗格中，单击刚创建的 Test Geckodriver 关键字，进入该关键字的编辑界面，调用之前在 testGeckoDriver.py 脚本中定义的函数，并设定其参数就是关键字接收的参数 `${Url}`，如图 3-38 所示。

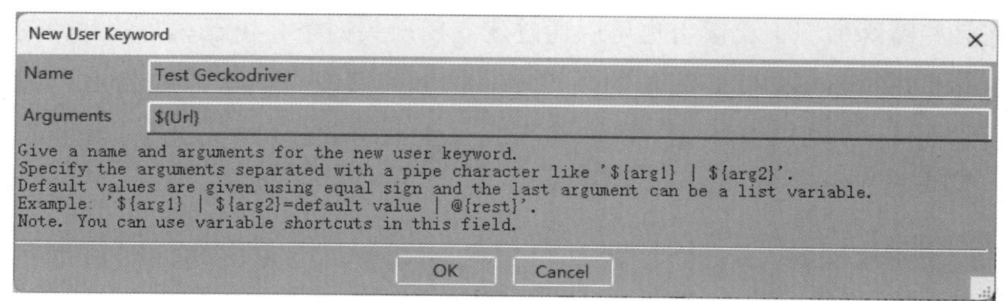

图 3-37 在 RIDE 中新建自定义关键字

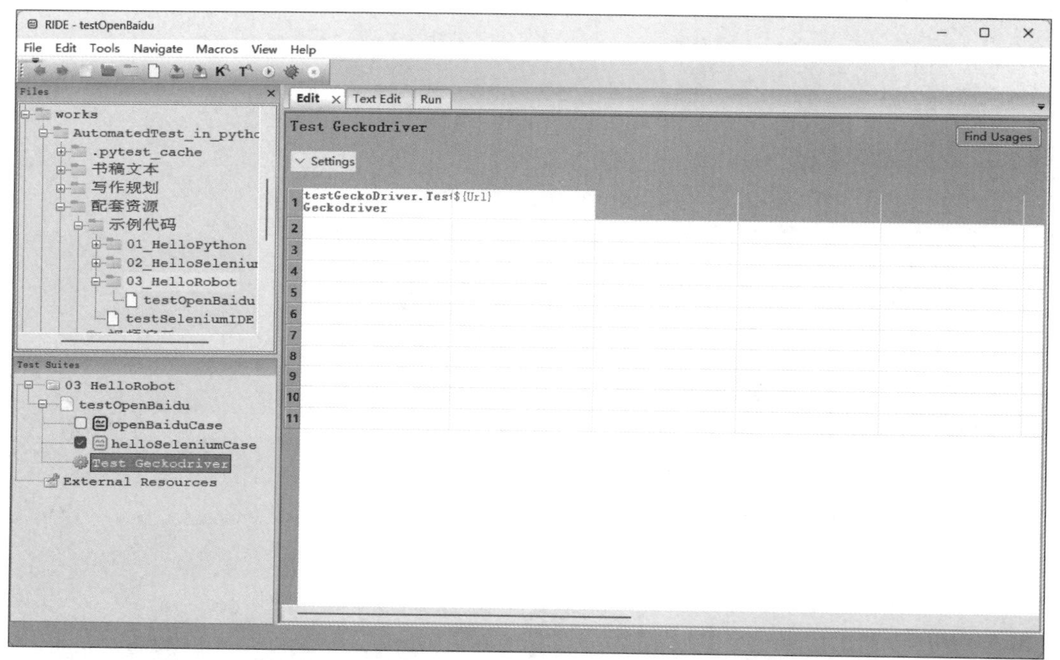

图 3-38 在关键字编辑界面中调用之前脚本中定义的函数并设定其参数

（4）只要上述步骤顺利执行，自定义关键字的操作就完成了。如果读者想验证一下该关键字是否可用，可继续在“Test Suites”窗格中右击之前创建的 testOpenBaidu 测试套件，并在弹出的快捷菜单中选择“New Test Case”，新建一个名为 helloSeleniumCase 的测试用例，并在该测试用例的编辑界面中调用 Test Geckodriver 关键字指定要访问的 URL 参数，如图 3-39 所示。

（5）只需在 RIDE 左侧的“Test Suites”窗格中勾选 helloSeleniumCase 测试用例左侧的复选框，并在其顶部的菜单栏中依次选择“Tools”→“Run Tests”，即可启动该测试用例，其测试报告如图 3-40 所示。

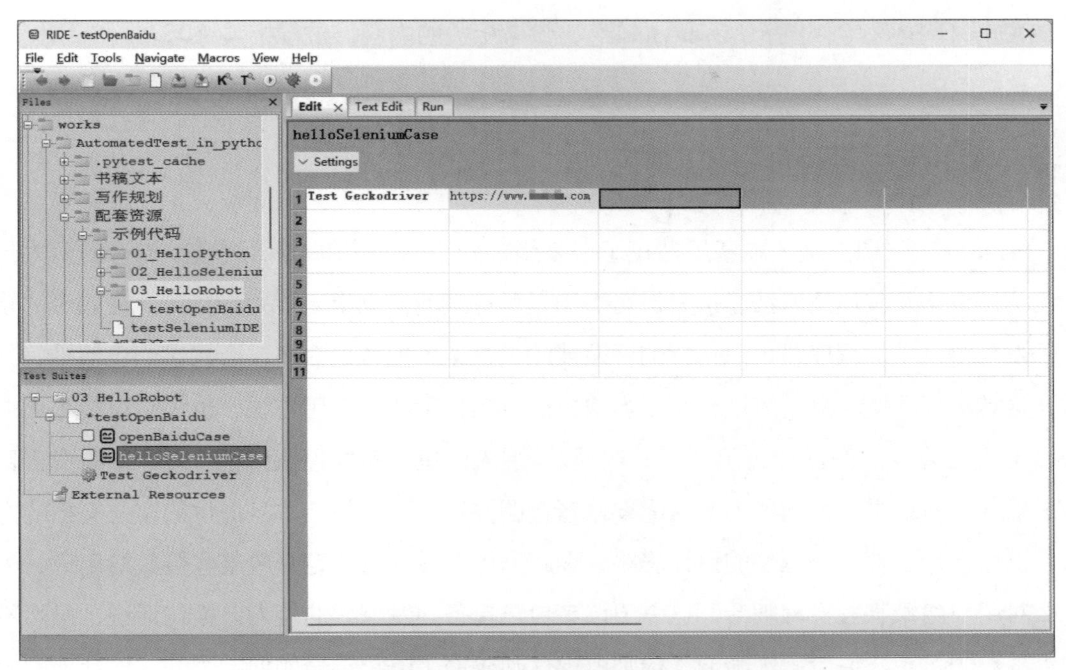

图 3-39 在测试用例的编辑界面中调用自定义关键字

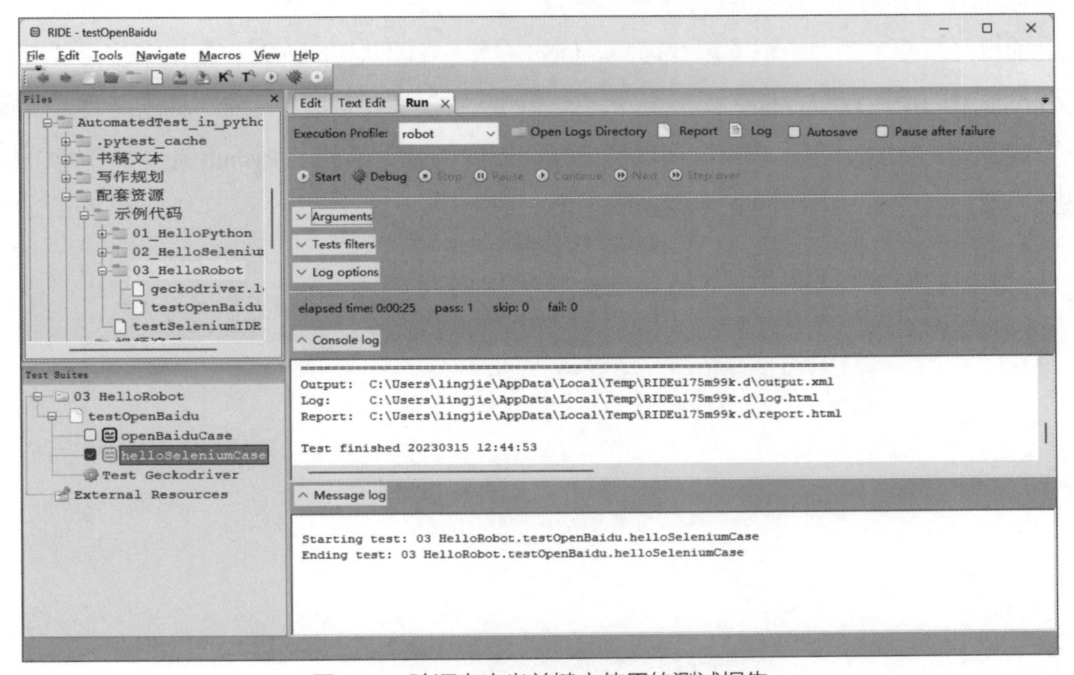

图 3-40 验证自定义关键字使用的测试报告

关于上述内容更详细的说明，读者可以在 Robot Framework 框架的官方网站顶部从

“DOCS”下拉列表中选择“User Guide”，参考相关的内容，进行相关练习。

3.3 培养自主学习的能力

需要再次强调的是，本章虽然花了很多篇幅介绍 Web 前端测试领域较流行的两大自动化测试框架及其使用方法，但是最可贵的是可持续的自主学习能力。毕竟，在如今的软件开发与测试中，程序员可以选择的开发或测试框架不但数量众多，而且它们迅速推陈出新。这意味着即使本书系统地介绍了当前较流行的框架及其使用方法，也很有可能等到书最终出版之时，人们已经有了更好的选择。“**授人以鱼，不如授人以渔**”，本章的真正目的是培养读者自主学习的能力，这需要读者查阅并找到这些框架本身提供的官方文档的方法，以便自行了解这些框架的设计思路，理解为什么设计者决定开放某些接口给用户，为什么对用户隐藏某些实现细节。这需要读者自己具备开发框架的能力。换句话说，虽然不必重复发明轮子，但一个优秀的工程师或设计师应该了解轮子是如何发明的，这样才能清楚在什么样的轮子的基础上造什么样的车。

总而言之，对于如今的软件工程师来说，在一个月内快速掌握某个新框架的能力远比之前已经掌握了多少个框架重要得多。例如，当开发团队招新人时，如果某位面试者有 5 年 A 框架的使用经验，那么固然很好，如果团队中很多人有这个经验，则未必需要再多一个同类型的人才，不过如果该面试者能在一周内快速上手基于 Python 开发的任意一种框架，那么这位面试者的重要性就会凸显出来。

第4章 测试用例的设计与实践

到目前为止，本书已经带领读者了解了自动化测试这项工作的基本内容和需要达成的目标，并介绍了完成这项工作所需要掌握的编程语言与自动化测试框架，以及在工作中持续学习新框架的方法。本章将进入本书的核心主题——**如何开发可交由自动化测试工具来执行的测试用例**。通过学习本章，读者将会具体了解在设计测试用例时需要执行的基本步骤，以及这项工作可以采取的一些常用策略。本章将在介绍常用测试策略的同时辅以一系列实例演示，以便说明如何针对具体的测试需求设计有效的测试用例。总而言之，希望读者在阅读完本章内容之后能够：

- 了解执行自动化测试的基本步骤和可采用的测试策略；
- 了解常见的测试任务和这些测试任务各自的具体需求；
- 掌握根据测试任务的具体需求设计相应测试用例的方法。

4.1 测试用例的设计

进行测试工作的基本目的是在软件产品发布之前尽可能多地找出其中可能存在的错误，以便及时修正，提高该产品的质量。但由于软件产品的开发时间是有限的，它能得到的项目经费也是有限的，这让依靠计算机的穷举能力实现完全测试成了一种不可能完成的任务，因此测试人员只能追求尽可能接近完全测试的工作方法。这样一来，掌握设计测试用例的方法就成了测试人员应具备的核心技能，它的地位相当于软件开发工作中的算法设计，是赋予测试工作高质量“灵魂”的关键所在。本节将从基本设计步骤开始介绍测试用例的设计。

4.1.1 基本设计步骤

从理论上来说，测试用例的设计本质上就是寻找能发现待测软件某一问题的某一个输

入 / 输出数据集合。该集合中的数据需要满足如下条件。

- **符合具体的测试需求，**即当使用这些数据执行测试用例时，它们要么能发现该软件在用户遵守输入规则时不符合预期的输出结果，要么能找出该软件在用户违反输入规则时所采取的应对措施。只有这样，进行测试工作时才能在有限规模的输入中尽可能多地找出待测软件中存在的问题。
- **具有足够的覆盖面，**即当使用这些数据执行测试用例时，它们所触发的软件行为要尽可能地覆盖待测软件的所有功能，包括正常的用户操作、异常情况和边界值等。如果测试人员设计的测试用例不能覆盖待测软件的所有功能，就有可能导致其中的某些问题不能在测试中被发现，这将直接影响该软件的质量管理成果。
- **能够确保测试的有效性，**即这些数据不能让测试用例本身的执行过于复杂或者难以执行。毕竟，测试用例的作用是准确地验证待测软件的正确性或发现其中存在的缺陷，如果它本身的设计存在执行效率低下或可行性差之类的问题，就无法确保得到有效的测试结果。
- **具有良好的可维护性，**即这些数据应该要能让测试用例具有良好的可复用性和可扩展性，这样既可以在提交测试报告时向待测软件的开发人员重现发现的错误，也方便在待测软件发生版本迭代时对其进行回归测试。同时，还可以在测试需求出现变化时对软件进行相应的修改或升级。

为了更好地满足上述条件，测试人员在面对具体的自动化测试需求时，通常按照以下 4 个步骤来进行测试用例的设计与开发工作。

（1）**完成需求分析。**在这一步骤中，测试人员需要准确地理解将要进行的测试工作的类型及其具体要达成的目标。在这一过程中，他们往往需要仔细阅读待测软件的输入规范（如果条件允许，也应该阅读该软件的源代码），以便在后续的步骤中基于黑盒测试或白盒测试的基本策略制订测试计划。

（2）**制订测试计划。**在这一步骤中，测试人员需要根据分析需求所得的结果制订详细的测试计划。计划的内容包括选择测试工作需要使用的软件环境和硬件环境，测试用例需要采用的整体策略等。如果测试人员是一个测试团队，还需要协调测试工作的进度安排，分配人员的任务等。

（3）**编写测试用例。**在这一步骤中，测试人员需要基于之前搭建的软件环境、硬件环境和制订的测试策略，编写若干测试用例。在这一过程中，他们需要反复查阅大量的文档资料，如待测软件的用户手册、自动化测试框架的官方文档等，目的是找出符合测试需求的输入数据集合。

（4）**执行测试用例。**在这一步骤中，测试人员需要基于之前搭建的软件环境和硬件环境，配置相应的自动化测试工具，并使用这些工具执行编写的测试用例。

从上述步骤可以看出，测试用例设计的成功与否在很大程度上取决于测试人员所采用的测试策略是否恰当。如果单纯依靠黑盒测试或白盒测试这样的基本测试策略来实现针对输入数据或代码执行路径的穷举测试，那么它虽然在理论上可以实现完全覆盖式的测试，但在时间与经济成本方面它是完全不具备可行性的。测试人员在日积月累的工作实践中总结出了一套以黑盒测试为主、有时辅以白盒测试的用于设计测试用例的方法论，并从中总结出了一系列实用的测试策略。接下来就介绍其中几种常用的测试策略。

4.1.2 基于黑盒测试的常用策略

在软件测试中，由于待测软件在大部分情况下并不会向测试人员开放自己的源代码，因此大多数测试用例的设计是以黑盒测试为基本策略来开展的。对于黑盒测试，成熟的软件都会有一套输入规范，只要用户输入的是该规范允许的数据，该软件就会输出可预期的结果，否则会触发软件的错误处理机制。在软件测试的语境下，符合这套输入规范的数据集合被称为有效输入，而违反输入规范的数据集合被称为无效输入，这两种输入组成了待测软件的输入域。测试人员在黑盒测试中的主要任务就是基于待测软件的输入域和当前的测试目的，寻找一个可在有限时间内、有限资源条件下执行有效测试的输入/输出数据集。目前，在日常测试实践中得到广泛使用的、基于黑盒测试的常用策略主要有等价类划分法、边界值分析法与因果图分析法。接下来，对它们进行介绍。

1．等价类划分法

对基于黑盒测试的测试用例来说，其设计策略首先要解决的问题是，如果穷举软件输入域中的所有数据不具有现实可行性，那么该如何进行有效的输入测试呢？对此，人们自然会想到一种解决思路，即如果能在该输入域中找到若干子集，使用每个子集中的所有数据在执行测试用例时都能得到相同效果的测试，测试人员就可以将这些子集定义为一个个“等价类”，并合理地假定只要测试某一等价类中的任意数据，就相当于对该等价类中的所有数据进行了测试。在测试用例的设计中，这种测试策略被称作**等价类划分法**。在这种策略下，测试人员设计测试用例时会先将待测软件的输入域（有时也包括预期的输出结果）划分为多个无交集的等价类，然后从每个等价类中选择少量有代表性的数据来充当测试用例，即可得到全面且高效的测试效果。当然，采用这种测试策略能否得到最佳效果，最终取决于等价类的具体划分方法。通常情况下，测试人员在使用等价类划分法设计测试用例时会秉持以下两条基本原则。

- 等价类的数量应该受到严格控制，保持在能完成有效测试所需的最少数量。
- 每个等价类都要具有足够的覆盖面，即这些等价类都要能发现待测软件某一方面的问题。

虽然这两条原则非常相似，但是它们事实上是两种相互制约的设计思想。第一条原则强调的是，测试人员所划分的每个等价类都应该尽可能多地反映不同的输入 / 输出情况，从而最大限度地减少测试中所要执行的测试用例数量。而第二条原则强调的是，等价类划分法要尽可能地注意它们所覆盖的测试面，这就要求对待测软件的输入域进行一定程度的细化分类，因此一定会产生相当数量的等价类。要想在设计测试用例的工作中平衡这两条原则并非易事，测试人员所需要具备的创造性并不亚于软件的开发人员。接下来将简单演示等价类划分法。假设读者现在需要对某一个可输入手机号码的软件进行测试，那么通常可以选择将该软件的输入域划分为以下几个等价类。

- **无效的输入数据：**在中国，不是 11 位数字的、不以数字 1 开头的、包含字母或空格等特殊符号的手机号码都属于无效的手机号码，如 1234567、949199999、1385x411112 等。
- **有效的输入数据：**在中国，有效的手机号码应该以数字 1 开头，其长度为 11 位。
- **输入空值的情况：**用户没有输入任何值或输入空格等空白符的情况。
- **需要进行特殊处理的输入数据：**400、800、110、120 等具有特定功能的电话号码。

采用等价类划分法设计测试用例的优势主要在于，它不仅可以让测试人员利用有限数量的测试用例来实现快速、有效的测试，还能赋予这些测试用例很好的可复用性和可扩展性，使其能够应对待测软件将来可能面对的各种不同规模和复杂度的测试场景。

2．边界值分析法

尽管等价类划分法要比基于穷举或随机选取输入域中数据的策略优越得多，但它仍然存在一些不足之处。例如，该方法很容易忽略某些位于不同等价类的边界输入，而这些输入往往能引出测试用例的一些特定问题。接下来，将针对这一不足之处继续介绍一种被称为**边界值分析法**的测试策略。在这种策略下，测试人员在设计测试用例时会先在待测软件的输入 / 输出数据集中找出各种边界值，然后测试该软件在这些边界值下能否正常工作。具体步骤如下。

（1）找出待测软件输入 / 输出数据集中的边界值和相关限制条件。

（2）确定用于测试用例的边界值，通常是各等价类中的最大值、最小值和代表某些限制性的条件值。

（3）基于确定的边界值，编写测试用例，以确保待测软件在这些限制条件下的正确性。

（4）使用自动化测试工具执行所有的测试用例，并根据后续测试需求完善这些测试用例的细节。

接下来，将简单演示使用边界值分析法设计测试用例的方法。假设读者现在手里有一个计算平方值的软件，该软件规定的输入域是 1~10 的整数，预期的输出是这些整数的平方值，这样可以基于边界值分析法设计以下测试用例。

- 输入 1，预期待测软件会输出 1 的平方值（1）。
- 输入 2，预期待测软件会输出 2 的平方值（4）。
- 输入 0，预期待测软件会输出无效输入的错误提示信息。
- 输入 10，预期待测软件会输出 10 的平方值（100）。
- 输入 9，预期待测软件会输出 9 的平方值（81）。
- 输入 11，预期待测软件会输出无效输入的错误提示信息。

在上述测试用例中，我们选择以数字 1 和 10 作为边界值进行测试，先确保待测软件在最值下能正确工作。接下来，我们选择数字 2 和 9 作为最值的内侧值来进行测试，以确保待测软件在其输入域的内侧能正常工作。最后，我们还测试了数字 0 和 11，以确保待测软件能够正确地识别其输入域外侧的值，并输出适当的错误提示信息。在整个测试执行过程中，如果待测软件的输出结果一直符合预期，则说明该软件在边界条件下和一般情况下都能正常工作；如果不符合预期，则说明待测软件存在缺陷，需要进行修复和优化。

从上述示例中，读者可以清楚地看出边界值分析法实际上是一种专门针对软件输入 / 输出数据集的边界值进行测试的黑盒测试策略。另外，由于基于该策略设计的测试用例经常来自不同等价类之间的边界数据，因此该策略也常被视为等价类划分法的补充策略。

基于边界值分析法设计的测试用例并不来自某等价类中的任意代表性数据，而专门来自该等价类的每个边界值。

基于边界值分析法设计的测试用例不仅要考虑待测软件输入域中的各种边界值，还要考虑该软件在输出端产生的边界值。

采用边界值分析法设计测试用例的优势主要在于，它能有效地发现输入值或输出值的错误和异常情况，从而提高系统的可用性和稳定性。除此之外，该测试策略还可以节省测试工作的时间和经济成本，毕竟它只需要测试待测软件的输入 / 输出数据集中某几个关键的边界值，而不是所有可能的输入值或输出值。但是，边界值分析法同样存在一些盲区，如可能会忽略掉一些较复杂的情况，也可能会忽略一些不太显而易见的错误或异常情况。因此，测试人员在使用边界值分析法设计测试用例时，通常需要结合等价类划分法之类的其他测试策略，以便互为补充，实现更高的测试覆盖率。

3．因果图分析法

针对一些情况更复杂的组合式输入，测试人员有时会采用一种被称作**因果图分析法**的策略来设计测试用例。在这种策略下，测试人员需要先用自然语言描述出待测软件中输入与输出之间的因果关系，即该软件在什么输入条件下预期会输出什么结果，然后用一套表示与、或、非的图形符号将这些因果关系转换成逻辑网络图，并根据该图设计测试用例。具体步骤如下。

（1）从待测软件的用户手册中分析出可划分为原因的输入型等价类，以及可划分为结果的输出型等价类。

（2）用表示与、或、非的图形符号将存在因果关系的等价类连接起来，形成逻辑网络图。

（3）在该逻辑网络图上用一些符号标注形成因果关系的约束条件或限制条件。

（4）对测试的具体需求加以分析，并进一步将分析结果转换为因果图之间的关系图。

（5）把因果图转换成判定表，并以判定表中的每一列作为依据来设计测试用例。

接下来，通过简单的示例演示绘制因果图的方法。假设现在需要对一个销售盒装饮料（单价为 1 元 5 角）的自动售货机进行测试。按照该自动售货机的使用说明，如果用户往自动售货机中分别投入一枚 1 元的硬币和一枚 5 角的硬币，然后按“可乐”“雪碧”“红茶”这 3 个按钮中的任何一个，相应的饮料就会从自动售货机中“吐”出来。而如果用户投入的是两枚 1 元的硬币，则该自动售货机在“吐”出饮料的还会退还一枚 5 角的硬币。读者可以将该软件所有可能的输入 / 输出划分为表 4-1 所示的因果等价类，并根据这些等价类之间的因果关系绘制出相应的因果图。

表 4-1　因果等价类

表示原因的等价类	表示中间状态的等价类	表示结果的等价类
（1）投入 1 元 5 角硬币； （2）投入 2 元硬币； （3）按“可乐”按钮； （4）按“雪碧”按钮； （5）按“红茶”按钮	（11）已投币； （12）已按按钮	（21）退还 5 角硬币； （22）送出“可乐”饮料； （23）送出“雪碧”饮料； （24）送出“红茶”饮料

接下来，根据上述等价类的编号和它们之间的因果关系，绘制出相应的因果图，如图 4-1 所示。

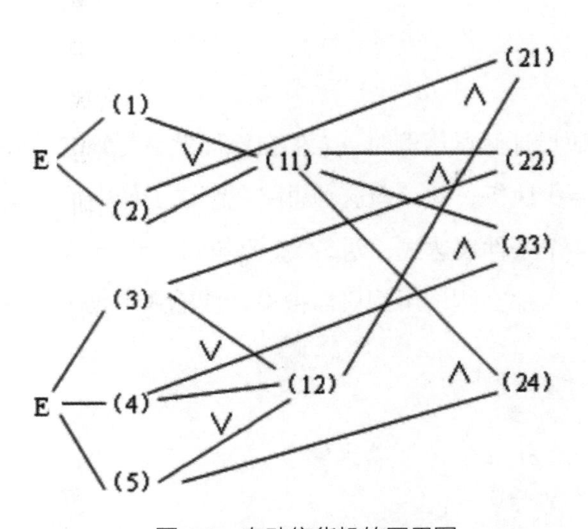

图 4-1　自动售货机的因果图

其中，“E”表示结果；“V”表示“或”关系；“Λ”表示“与”关系。

从上述示例可以看出，在测试工作中采用因果图分析法的主要优势在于，它能够有效地识别和分析出待测软件中存在的因果关系，并根据这些关系设计出有效的测试用例。与此同时，该策略还能够帮助测试人员更好地理解待测软件的功能特性，这有助于提高测试的覆盖率。当然，这也意味着使用该策略是有一定门槛的，它需要测试人员具备较多的专业技能和测试经验，由此会产生一定的时间与经济成本。

除此之外，测试人员还可以使用**错误猜测法**等策略来设计更具有创造性的黑盒测试用例，限于篇幅，这里就不展开介绍了。有兴趣的读者可自行查阅相关的资料，以进一步提高自己的测试能力。

4.1.3 基于白盒测试的常用策略

在软件测试中，如果待测软件除了用户手册还提供了源代码，那么除基于黑盒测试设计的测试用例之外，很多时候测试人员还会开发基于白盒测试的测试用例。而对于白盒测试，同样由于时间和经费的限制，在测试工作中直接让软件遍历所有可能的执行路径是不现实的。因此测试人员的主要任务是仔细阅读并分析待测软件的源代码，在设计测试用例时找到合适的策略，以便尽可能多地覆盖该软件在源代码中的执行路径。目前，在日常测试实践中得到广泛使用的基于白盒测试的常用策略主要有判定覆盖、条件覆盖和判定 / 条件覆盖。接下来，对它们分别进行介绍。

1. 判定覆盖

在为软件的源代码设计测试用例时，人们自然而然会想到的一种解决思路是使软件源代码中的每一条语句至少执行一次，但这种思路在测试工作中恰恰是没有意义的。举例来说，对于以下这段有 4 个条件表达式、两条 `if` 语句的 Python 代码，如果想让其中的每一条语句都至少执行一次，那么测试用例只需被设计成输入数据为 `x==2`， `y==0`， `z==` 任意数的等价类即可。

```
def afunc(x, y, z) :
    if(x>1 and y==0) :
       z=z/x
       print("第一个 if 语句判定为 true")
    if(x==2 or z>1) :
       z=z+1
       print("第二个 if 语句判定为 true")
```

但这样做充其量只测试了该函数在两条 `if` 语句都为 `true` 时的执行情况，而无法确认函数在其中一条 if 语句判定为 false 时的执行情况是否符合预期。因此，更有效的测试策略是让 afunc() 函数中的两条 if 语句在为 true 和 false 的情况下各执行一次。在基于白盒测试的策略中，这种让每条 if 语句都执行一次的测试策略被称作**判定覆盖**或**分支覆盖**。在这种策略下，可以设计以下 4 个测试用例。

- 输入 x==2,y==0,z== 任意数的等价类，执行两条 if 语句都判定为 true 的情况。
- 输入 x<=1,y!=0,z<=1 的等价类，执行两条 if 语句都判定为 false 的情况。
- 输入 x==2,y!=0,z== 任意数的等价类，执行第一条 if 语句判定为 false、第二条 if 语句判定为 true 的情况。
- 输入 x>1,y==0,(z/x)<=1 的等价类，执行第一条 if 语句判定为 true、第二条 if 语句判定为 false 的情况。

在上述示例中，虽然可以用 4 个测试用例反映出 afunc() 函数在 if 语句判定为 false 时没有任何提示可能会导致某些隐患的问题，但应该可以看出，判定覆盖策略的测试相对来说是比较粗糙的，因为在基于判定覆盖设计测试用例时，测试人员通常只需要针对 if 语句的判定表达式进行输入域的等价类划分即可。上述示例是针对 and 表达式和 or 表达式来设计测试用例的，由于这两种表达式在进行布尔类型的运算时都具有“短路求值”的特性，即只要 and 表达式中的一个操作值为 false，整个表达式的结果就为 false，只要 or 表达式中的一个操作值为 true，整个表达式的结果就为 true，这会让它们的另一个操作数被直接忽略。在上述 4 个测试用例中，z 的值在两个测试用例中可以是任意数，因为它的值在 if 语句的判定表达式中会被忽略。

2. 条件覆盖

如果读者想对 afunc() 函数进行更精细的测试，就需要针对该函数中的 4 个条件表达式设计测试用例。也就是说，让这 4 个条件表达式的值都有一次为 true 和 false。在基于白盒测试的策略中，这种让每个条件表达式都执行两次求值的测试策略被称作**条件覆盖**。在这种策略下，读者可以针对 afunc() 函数设计如下测试用例。

- 输入 x>1,y== 任意数 ,z== 任意数的等价类，验证 x>1 的值为 true 时的情况。

- 输入 x<=1,y== 任意数 ,z== 任意数的等价类，验证 x>1 的值为 false 时的情况。
- 输入 x== 任意数 ,y==0,z== 任意数的等价类，验证 y==2 的值为 true 时的情况。
- 输入 x== 任意数 ,y!=0,z== 任意数的等价类，验证 y==2 的值为 false 时的情况。
- 输入 x==2,y== 任意数 ,z== 任意数的等价类，验证 x==2 的值为 true 时的情况。
- 输入 x!=2,y== 任意数 ,z== 任意数的等价类，验证 x==2 的值为 false 时的情况。
- 输入 x== 任意数 ,y== 任意数 ,z>1 的等价类，验证 z>1 的值为 true 时的情况。
- 输入 x== 任意数 ,y== 任意数 ,z<=1 的等价类，验证 z>1 的值为 false 时的情况。

在上述示例中，等价类存在相交的情况，因此在实际测试中，我们只需要在这些等价类的交集中选取输入数据即可。例如，测试人员通常只需设计 x==2,y==0,z==4 和 x==1,y==1,z==1 这两个测试用例，基本上就可以实现条件覆盖想要达成的测试目标。当然，条件覆盖在某些情况下也会出现忽略 if 语句某个判定分支的问题，它与判定覆盖策略相互独立。如果只在它们之间二选一，设计的测试用例就会存在顾此失彼的问题。

3. 判定 / 条件覆盖

想要解决条件覆盖与判定覆盖这两种策略顾此失彼的问题，最好的方法就是将两者结合起来，构成一种复合型的测试策略。在基于白盒测试的策略中，这种兼顾每个条件语句和条件表达式的测试策略被称作**判定 / 条件覆盖**。在这种策略下，可以针对 afunc() 函数设计以下 8 个测试用例。

- 输入 x>1,y==0,z== 任意数的等价类，验证 x>1 的值为 true 且其所在 if 语句也判定为 true 时的情况。
- 输入 x<=1,y== 任意数 ,z== 任意数的等价类，验证 x>1 的值为 false 且其所在 if 语句也判定为 false 时的情况。
- 输入 x>1,y==0,z== 任意数的等价类，验证 y==0 的值为 true 且其所在 if 语句也判定为 true 时的情况。

- 输入 x>1,y!=0,z== 任意数的等价类，验证 y==0 的值为 false 且其所在 if 语句也判定为 false 时的情况。
- 输入 x==2,y!=0,z== 任意数的等价类，验证 x==2 的值为 true 且其所在 if 语句也判定为 true 时的情况。
- 输入 x!=2,y!=0,z<=1 的等价类，验证 x==2 的值为 false 且其所在 if 语句也判定为 false 时的情况。
- 输入 x!=2,y!=0,z>1 的等价类，验证 z>1 的值为 true 且其所在 if 语句也判定为 true 时的情况。
- 输入 x!=2,y!=0,z<=1 的等价类，验证 z>1 的值为 false 且其所在 if 语句也判定为 false 时的情况。

同样，上述等价类也存在相交甚至完全重叠的情况，所以在实际测试中，我们只需要在这些等价类的交集中选取输入数据即可。例如，测试人员通常只需设计以下 4 个测试用例就可以覆盖上述等价类。

- x==2,y==0,z==4 测试用例，覆盖上述第 1 个测试用例和第 5 个测试用例中划分的等价类。
- x==2,y==1,z==1 测试用例，覆盖上述第 2 个测试用例和第 6 个测试用例中划分的等价类。
- x==1,y==0,z==2 测试用例，覆盖上述第 3 个测试用例和第 7 个测试用例中划分的等价类。
- x==1,y==1,z==1 测试用例，覆盖上述第 4 个测试用例和第 8 个测试用例中划分的等价类。

同样，测试人员在面对更复杂的情况时还会使用**多重条件覆盖**等策略来设计更接近完全覆盖式的白盒测试用例，限于篇幅，这里就不展开介绍了。有兴趣的读者可自行查阅相关的资料，以进一步提高自己的测试能力。

4.2 测试用例的设计实践

在了解了设计测试用例的基本步骤和常用策略之后，接下来可以根据自己所要执行的测试的类型来设计满足具体工作需求的测试用例。本节将结合 4 种常见的测试类型演示测试用例的设计与执行，为读者提供实践层面的参考。

4.2.1 单元测试

单元测试是程序员在软件开发过程中常常使用的一种测试类型，测试的目标通常是软件源代码的最小单元，如函数、方法或类等。由于这类测试工作通常是由软件的开发人员负责的，主要任务是验证代码的正确性，确保代码能够按照预期工作，并且使开发人员在发现问题时能够快速地定位和修复问题，因此它的测试用例大体基于白盒测试策略来进行设计。

在针对单元测试编写测试用例时，开发人员通常会通过编写自动化测试脚本模拟各种不同的输入条件，以便最大限度地确认自己编写的函数、自定义类型在各种执行路径下都能正确地使用。事实上，在前面，针对 `afunc()` 函数运行的所有测试用例在执行单元测试的任务。下面我们基于 PyTest 这个测试集成工具完善 `afunc()` 函数，并具体介绍执行单元测试的步骤。

（1）在用于存放示例代码的目录中创建一个名为 04_TestCaseDome 的文件夹，在该文件夹下继续创建一个名为 testfunc.py 的文件，并在其中输入如下代码。

```
# 修改之前的 afunc() 函数
def afunc(x, y, z):
    if(x>1 and y==0):
       print(" 第一条 if 语句判定为 true")
       print("x>1 的值为 %s, y==0 的值为 %s"%(x>1, y==0))
       z=z/x
    else:
       print(" 第一条 if 语句判定为 false")
       print("x>1 的值为 %s, y==0 的值为 %s"%(x>1, y==0))
    if(x==2 or z>1) :
       print(" 第二条 if 语句判定为 true")
       print("x==2 的值为 %s, z>1 的值为 %s"%(x==2, z>1))
       z=z+1
    else:
       print(" 第二条 if 语句判定为 false")
       print("x==2 的值为 %s, z>1 的值为 %s"% (x==2, z>1))
```

（2）在 04_TestCaseDome 文件夹下创建一个名为 testDome.py 的文件，并基于 PyTest 的规则在其中输入如下代码。

```
import pytest

# 演示单元测试
def test_UnitTestingDome() :
    # 导入要测试的目标模块
    import testfunc
    # 基于判定 / 条件覆盖策略的测试用例
    testCases=[
        {"x": 2, "y": 0, "z": 4},
        {"x": 2, "y": 1, "z": 1},
        {"x": 1, "y": 0, "z": 1},
        {"x": 1, "y": 1, "z": 1}
    ]

    # 执行测试用例
    for index, case in enumerate(testCases) :
        print("\n 正在执行第 %s 个测试用例： " % str(index+1))
        testfunc.afunc(case["x"], case["y"], case["z"])
```

（3）在 04_TestCaseDome 文件夹下打开命令行终端，并输入 `pytest -vs testDome.py::test_UnitTestingDome` 命令，执行自动化测试脚本（在这里，参数 `v` 的作用是让 PyTest 输出测试用例的详细信息，而参数 `s` 的作用是输出脚本本身要输出的信息）。如果一切顺利，会得到如下输出结果。

```
============== test session starts ========================
platform win32 -- Python 3.10.10, pytest-7.2.2, pluggy-1.0.0 -- C:\
Users\lingjie\AppData\Local\Programs\Python\Python310\python.exe
cachedir: .pytest_cache
rootdir: D:\works\AutomatedTest_in_python\ 配套资源 \ 示例代码 \04_TestCaseDome
collecting ... collected 1 item

testDome.py::test_UnitTestingDome
正在执行第 1 个测试用例：
第一条 if 语句判定为 true
```

```
x>1 的值为 True, y==0 的值为 True
第二条 if 语句判定为 true
x==2 的值为 True, z>1 的值为 True

正在执行第 2 个测试用例:
第一条 if 语句判定为 false
x>1 的值为 True, y==0 的值为 False
第二条 if 语句判定为 true
x==2 的值为 True, z>1 的值为 False

正在执行第 3 个测试用例:
第一条 if 语句判定为 false
x>1 的值为 False, y==0 的值为 True
第二条 if 语句判定为 false
x==2 的值为 False, z>1 的值为 False

正在执行第 4 个测试用例:
第一条 if 语句判定为 false
x>1 的值为 False, y==0 的值为 False
第二条 if 语句判定为 false
x==2 的值为 False, z>1 的值为 False
PASSED
============== 1 passed in 0.00s ============================
```

（4）根据上述输出结果，判断被测试的单元是否符合自己的预期，如果不符合预期，就修改出问题的地方，使用上述脚本进行回归测试，如此周而复始，直至最大限度地确认它没有问题为止。

4.2.2 接口测试

除了单元测试之外，接口测试是另一种由开发人员在软件开发过程中执行的测试类型。这类测试工作的主要任务是测试软件各组件之间的接口是否能够正确地交互，目的是确保软件中各组件之间的通信过程符合开发人员的预期，提高软件产品的可靠性。它通常重点测试以下几方面的内容。

- **接口通信时使用的调用协议：**包括接口的参数调用规范，使用的网络协议、数据传输协议等，目的是检查软件中各组件接口的调用是否符合规范，以确保接口调用的正确性和安全性。

- **接口通信时使用的数据格式：**包括这些数据的类型、长度、范围、精度等，目的是检查接口传输的数据格式是否正确。
- **接口通信时数据的完整性：**目的是检查接口之间传输的数据是否完整、准确，是否包含必要的字段和信息等。
- **接口通信过程中的异常处理机制：**包括软件各组件接口在应对输入不合法、传输异常、服务器错误等情况时的处理机制，目的是检查这些接口对异常情况的处理是否正确。

虽然接口测试通常也由待测软件的开发人员执行，但是它的主要测试对象是软件中各组件之间的输入和输出，而非组件内部源代码的执行路径。所以在面对这一类测试工作的需求时，我们大体上会基于黑盒测试策略设计测试用例。接下来，通过一个简单的示例演示接口测试的具体步骤。

（1）仔细阅读并分析待测接口的说明文档。在这里，假设接下来要测试的是一个基于 RESTful 架构的用于用户登录的 HTTP API，其说明文档的主要信息如下。

- **接口功能：**用户登录。
- **接口 URL：**http://localhost:3001/users/session。
- **调用方法：**基于 HTTP 的 POST 方法。
- **调用参数：**包含 `username` 和 `password` 这两个字段的 JSON 格式数据。
- **返回数据：**`message` 数据段的内容为“用户登录成功”或“用户名或密码错误”的 JSON 格式数据。

（2）在 04_TestCaseDome 文件夹下创建一个名为 requestHandler.py 的文件，并在其中创建一个名为 RequestsHandler 的自定义类型，用于封装一些发送 HTTP 请求的操作，具体代码如下。

```
# 需要先执行 pip install requests 命令
import requests
class RequestsHandler:
    def __init__(self):
        """session 管理器 """
        self.session=requests.session()
```

```
    def visit(self, method, url,
              params=None,
              data=None,
              json=None,
              headers=None):
        result=self.session.request(method,url,
                                    params=params,
                                    data=data,
                                    json=json,
                                    headers=headers)
        try:
            # 返回 JSON 结果
            return result.json()
        except Exception:
            return 'not json'
    def close_session(self):
        self.session.close()
```

（3）在 04_TestCaseDome 文件夹下重新打开之前创建的 testDome.py 文件，并基于 PyTest 的规则在其中添加一个名为 test_InterfaceTestingDome() 的函数，该函数的具体代码如下。

```
# 演示接口测试
def test_InterfaceTestingDome() :
    # 导入之前封装的请求操作类
    from requestsHandler import RequestsHandler
    # 创建请求操作类的对象
    req=RequestsHandler()
    login_url='http://localhost:3001/users/session'
    # 基于边界值分析法的测试用例
    testCases=[
        {   # 已注册用户正常登录的情况
            "username": "lingjie",
            "password": "12345678"
        },
        {   # 已注册用户非正常登录的情况
            "username": "lingjie",
            "password": "12x45678"
        },
```

```
        {    # 未注册用户登录的情况
            "username": "batman",
            "password": "12345678"
        },
        {    # 没有填写用户名的情况
            "username": "",
            "password": "12345678"
        },
        {    # 没有填写密码的情况
            "username": "lingjie",
            "password": ""
        }
    ]

    # 执行测试用例
    for index, case in enumerate(testCases) :
        print("\n 正在执行第 %s 个测试用例: "% str(index+1))
        # 获取响应数据
        res=req.visit('post', login_url, json=case)
        if(res!="not json") :
            # 查看 HTTP API 返回的数据
            print(res["message"])
        else :
            print(" 没有返回 JSON 格式的数据! ")

    # 关闭请求会话
    req.close_session()
```

（4）在 04_TestCaseDome 文件夹下打开命令行终端，并输入 `pytest -vs testDome.py::test_InterfaceTestingDome` 命令，执行自动化测试脚本。如果一切顺利，会得到如下输出结果。

```
====================== test session starts ==========================
platform win32 -- Python 3.10.10, pytest-7.2.2, pluggy-1.0.0 -- C:\
Users\lingjie\AppData\Local\Programs\Python\Python310\python.exe
cachedir: .pytest_cache
rootdir: D:\user\Documents\works\AutomatedTest_in_python\ 配套资源 \
```

```
示例代码\04_TestCaseDome
collecting ... collected 1 item

testDome.py::test_InterfaceTestingDome
正在执行第 1 个测试用例:
用户登录成功

正在执行第 2 个测试用例:
用户密码错误

正在执行第 3 个测试用例:
用户不存在，请先注册再登录

正在执行第 4 个测试用例:
用户名不能为空

正在执行第 5 个测试用例:
密码不能为空
PASSED
===================== 1 passed in 0.00s ===========================
```

（5）根据上述输出结果，判断测试接口在被调用时的表现是否符合自己的预期，如果不符合预期，就修改出问题的地方，使用上述脚本进行回归测试，如此周而复始，直至最大限度地确认它没有问题为止。

4.2.3 功能测试

在一个软件产品完成初步开发之后，开发团队通常会请专业的测试人员对它进行功能测试，目的是检查该软件的各项功能是否符合自身的规格说明。虽然在测试对象上软件的各个功能模块与其组件接口有很大的概率是重叠的，但是功能测试在工作的具体需求上与接口测试之间存在以下明显的区别。

- 在测试任务上，接口测试是开发人员在软件开发过程中的自我测试，它的侧重点是检查组件之间的通信规则与传输的数据内容是否符合开发人员自己的预期；而功能测试是专业测试人员在软件完成初步开发之后的验收测试，它的侧重点是验证软件提供的各项功能是否达到了交付要求。

- 在测试的覆盖范围上，接口测试通常关注的是软件中各组件接口之间的数据在传输时的正确性，以及这些接口本身的兼容性等，覆盖范围相对较窄；而功能测试往往需要对软件系统的各项功能进行全面测试，覆盖范围相对较广。
- 在测试用例的设计方法上，接口测试主要关注的是软件中各组件接口之间的输入与输出，所以通常会基于黑盒测试策略设计测试用例；而功能测试不仅关注软件中各功能组件的输入和输出，还关心它的内部处理逻辑，所以通常会采用“黑盒测试＋白盒测试”的混合策略来设计测试用例。

例如，同样是对某一 Web 应用程序的用户登录模块进行测试，接口测试和功能测试存在以下不同：接口测试通常只需要在自动化测试脚本中直接模拟对 HTTP API 的调用即可；而在功能测试中，测试人员往往需要从其 Web UI 着手，完整地模拟用户各种可能的登录操作，从中总结出可自动化执行的测试用例。接下来，将演示在功能测试的任务需求下测试用户登录功能的具体步骤。

（1）在 Mozilla Firefox 浏览器中打开 Selenium IDE 的项目管理界面，在该界面中新建一个项目（项目名称任意），并创建一个名为 testLogin 的测试用例，录制一次在待测软件（这里假设软件所在的 URL 为 http://localhost:3001/）的用户登录界面上的正常操作，如图 4-2 所示。

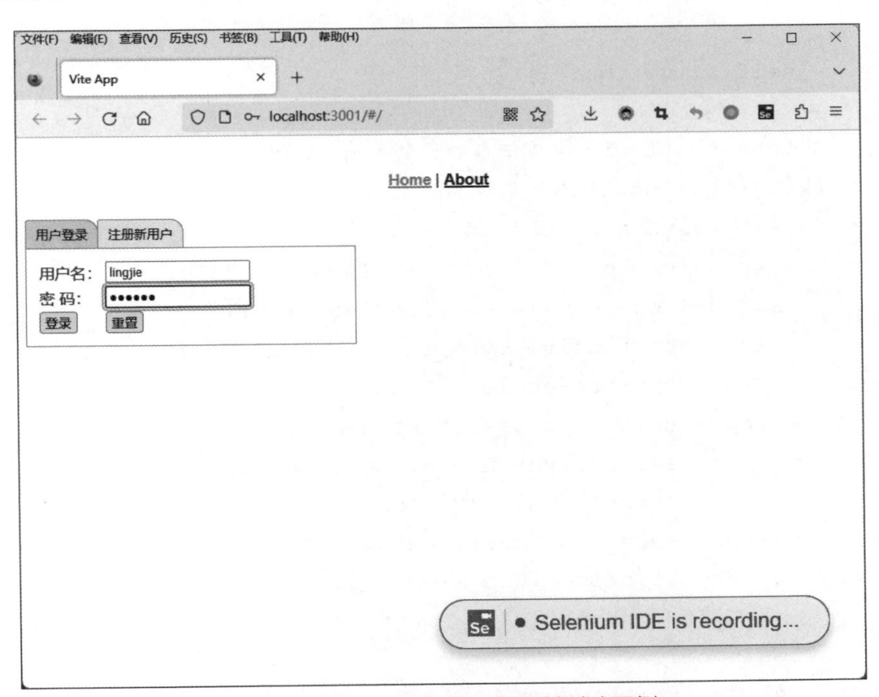

图 4-2　在 Selenium IDE 中录制测试用例

（2）回到 Selenium IDE 的项目管理界面中，将录制的测试用例使用“Python pytest”选项导出成名为 testLogin.py 的 Python 脚本，并将其保存在之前创建的 04_TestCaseDome 文件夹下，对该脚本的代码进行如下修改。

```
# 导入 Selenium 框架的相关组件
from selenium import webdriver
from selenium.webdriver.common.by import By
from selenium.webdriver.common.action_chains import ActionChains
from selenium.webdriver.support import expected_conditions
from selenium.webdriver.support.wait import WebDriverWait
from selenium.webdriver.common.keys import Keys
from selenium.webdriver.common.desired_capabilities import
DesiredCapabilities

# 将 TestLogin 类修改为普通的自定义类型
class TestLogin():
    def __init__(self):
        self.driver=webdriver.Firefox()
        self.vars={}

    def __del__(self):
        self.driver.quit()

    # 为 test_testLogin() 方法添加一个 user 参数
    # 用于执行不同的测试输入
    def test_testLogin(self, user):
        self.driver.get("http://localhost:3001/")
        self.driver.set_window_size(880, 698)
        u_input=self.driver.find_element(By.CSS_SELECTOR,
                "tr:nth-child(1) input")
        u_input.send_keys(user["username"])
        p_input=self.driver.find_element(By.CSS_SELECTOR,
                "tr:nth-child(2) input")
        p_input.send_keys(user["password"])
        login=self.driver.find_element(By.CSS_SELECTOR,
              "td:nth-child(1) > input")
        login.click()
        self.driver.close()
```

（3）在 04_TestCaseDome 文件夹下重新打开之前创建的 testDome.py 文件，并基于 PyTest 的规则在其中添加一个名为 `test_FunctionalityTestingDome()` 的函数，该函数的具体代码如下。

```
# 演示功能测试
def test_FunctionalityTestingDome():
    # 导入之前修改的自定义类型
    from testLogin import TestLogin

    # 基于边界值分析法的测试用例
    testCases=[
        {   # 已注册用户正常登录的情况
            "username": "lingjie",
            "password": "12345678"
        },
        {   # 已注册用户非正常登录的情况
            "username": "lingjie",
            "password": "12x45678"
        },
        {    # 未注册用户登录的情况
            "username": "batman",
            "password": "12345678"
        },
        {   # 没有填写用户名的情况
            "username": "",
            "password": "12345678"
        },
        {   # 没有填写密码的情况
            "username": "lingjie",
            "password": ""
        }
    ]

    # 执行测试用例
    for index, case in enumerate(testCases) :
        print("\n 正在执行第 %s 个测试用例: "% str(index+1))
        # 创建一个 TestLogin 类的实例
        tester=TestLogin()
```

```
        tester.test_testLogin(case)
        del tester
```

（4）在 04_TestCaseDome 文件夹下打开命令行终端，并输入 `pytest -vs testDome.py::test_FunctionalityTestingDome` 命令，执行自动化测试脚本。如果一切顺利，Selenium 框架就会按照测试用例的设计重复执行之前用 Selenium IDE 录制的测试操作。测试人员可以根据其执行内容判断被测试的用户登录功能是否符合产品需求，如果不符合，就向开发部门提交测试报告并指出问题。在后者修复问题之后，再使用上述脚本进行回归测试，如此周而复始，直至最大限度地确认它没有问题为止。

4.2.4 性能测试

除了功能测试之外，软件产品在发布之前还会交由测试人员进行性能测试。这类测试工作的主要任务是通过设计一定数量的测试用例来模拟多种正常、峰值和异常负载条件，以对待测软件的各项性能指标进行测试，目的是评估待测软件在特定负载条件下的性能。

常见的性能测试类型包括负载测试、压力测试、容量测试和基准测试等。负载测试是指在待测软件达到最大负载之前不断地对其增加负载的测试方法，以确定该软件的最大负载；压力测试则是在待测软件的最大负载下进行的测试，以确定该软件在大负载情况下的性能；容量测试用于评估软件长时间运行后的性能表现；而基准测试用于对比不同软件的性能差异。

相较于其他测试类型，性能测试尤其需要借助自动化测试工具来进行，因为只有这类工具可以海量地模拟用户活动，同时自动记录整个测试过程，这显然更有利于准确且快速地生成测试报告。例如，如果想用测试的方法比较冒泡排序与快速排序这两种算法的性能，可以采用以下步骤来进行性能测试中的基准测试。

（1）在 04_TestCaseDome 文件夹下创建一个名为 sorting.py 的文件，并在其中基于 Python 语言分别实现这两种排序算法。以下是本书提供的示例。

```
# 冒泡排序
def bubbleSort(coll):
    if(coll==[]):return[]
```

```
    endl=len(coll)
    for i in range(endl, 0, -1):
        for j in range(0, i-1):
            if(coll[j]>coll[j+1]):
                coll[j], coll[j+1]=coll[j+1], coll[j]

# 快速排序
def quickSort(coll):
    if(coll==[]): return[]
    return quickSort([x for x in coll[1:] if x<coll[0]])+\
                    coll[0:1]+\
                    quickSort([x for x in coll[1:] if x>=coll[0]])
```

（2）在 04_TestCaseDome 目录下重新打开之前创建的 testDome.py 文件，并基于 PyTest 的规则在其中添加一个名为 `test_PerformanceTestingDome()` 的函数，该函数的具体代码如下。

```
def test_PerformanceTestingDome():
    # 导入需要的标准模块
    import random, sys
    # 导入自定义模块
    import sorting
    # 为快速排序算法放宽递归限制
    sys.setrecursionlimit(2000)

    # 定义一个用于获取排序用时的内部函数
    def runSort(func, case):
        import time
        start=time.process_time()
        func(case)
        end=time.process_time()
        return end-start

    bubbleCounter=0 # 用于累计冒泡排序胜出的次数
    quickCounter=0 # 用于累计快速排序胜出的次数
    # 在这里，我们设置执行 1000 次测试
```

```
for i in range(1000):
    # 生成一个拥有 1000 个随机数的数组，以充当测试用例
    testCase=[random.uniform(0, 1) for _ in range(1000)]
    bUsetime=runSort(sorting.bubbleSort, testCase)
    qUsetime=runSort(sorting.quickSort, testCase)
    # 累计两种算法胜出的次数，若平局，则忽略不计
    if(bUsetime>qUsetime):
        quickCounter=quickCounter+1 # 快速排序胜出
    elif(bUsetime<qUsetime):
        bubbleCounter=bubbleCounter+1 # 冒泡排序胜出

    print("'\n 冒泡排序胜出 %s 次，快速排序胜出 %s 次 " \
          % (bubbleCounter, quickCounter))
```

（3）在 04_TestCaseDome 文件夹下打开命令行终端，并输入 `pytest -vs testDome.py::test_PerformanceTestingDome` 命令，执行自动化测试脚本。如果一切顺利，在经过短暂的等待之后，就会得到类似下面这样的测试报告。

```
==================== test session starts ======================
platform win32 -- Python 3.10.10, pytest-7.2.2, pluggy-1.0.0 -- C:\
Users\lingjie\AppData\Local\Programs\Python\Python310\python.exe
cachedir: .pytest_cache
rootdir: D:\user\Documents\works\AutomatedTest_in_python\ 配套资源 \
示例代码 \04_TestCaseDome
collecting ... collected 1 item


testDome.py::test_PerformanceTestingDome
冒泡排序胜出 290 次，快速排序胜出 435 次
PASSED
================== 1 passed in 113.34s (0:01:53) =================
```

在大多数情况下，快速排序的胜出次数是冒泡排序的两倍左右。这里需要特别提醒的是，上述示例所展示的执行结果并不具备绝对的代表性，这也是性能测试的一大特点，其准确率取决于测试人员对待测软件施加的压力和使用的测试用例。除此之外，上面这个测试脚本能对这两种排序算法施加的压力还取决于运行它的硬件设备。例如，在笔者的计算机上，如果将随机生成的数组元素增加到 9999 个，那么执行上述版本的快速排序算法就会出现栈溢出问题（从某种程度上讲，能够反映出这个问题也是性能测试的目的）。

第5章 自动化集成测试

在软件测试工作中，单元测试通常是由开发人员执行的、针对最小单元粒度的组件测试。在完成了单元粒度的测试任务之后，通常需要专业的测试人员将这些单元级的组件放到粒度更大的功能组件或子系统中，进行整合性测试。在专业术语中，粒度介于单元测试与系统测试之间的测试工作通常被称作**集成测试**或**整合测试**。本章将重点介绍如何实现集成测试的自动化。总而言之，希望读者在阅读完本章内容之后能够：

- 设计出面向集成测试的测试用例并实现它的自动化执行；
- 理解实现持续集成测试的必要性并掌握相关的自动化测试工具。

5.1 集成测试的自动化

集成测试的目的是检查通过单元测试的组件在被整合到一起之后，是否依然能正常地通信和协同工作。因此在执行集成测试的任务时，测试人员通常会先将已通过单元测试的、彼此有直接协作关系的组件收集起来，然后将它们按照各自的接口规范进行组装，并构建成粒度更大、功能更完整的功能组件或子系统，最后对其进行在这一粒度的测试。接下来，本书将重点针对这一类型的测试任务来探讨测试用例的设计方法。

5.1.1 测试用例的设计方法

在软件中，通常由单元组件组合成功能组件，再逐级构建成各级子系统，直至形成完整的软件系统的分层结构，并且软件的规模越大，这种分层结构所涉及的组件粒度就越多。而集成测试就针对这种分层结构开展不同组件粒度的测试工作，所以在设计面向集成测试的测试用例时，测试人员就有了自上而下和自下而上两种不同的设计方法。

如果想采用自上而下的设计方法来进行集成测试，测试人员就要从待测目标顶层的功能组件或子系统开始测试，然后按照软件的分层结构逐级往下，直至测试到底层的组件。

如果想采用自下而上的设计方法来进行集成测试，测试人员就要从待测目标底层的功能组件或子系统开始测试，然后按照软件的分层结构逐级往上，直至测试到顶层的组件。

至于针对分层结构中各级组件的具体测试用例，由于集成测试的侧重点是各组件在被整合之后接口能否正常通信、各自的功能是否能协同，因此本质上要进行的是接口测试和功能测试，只需要针对这些测试任务设计测试用例即可。但现在的问题是，一个软件从各个功能的子系统开始，每个分层中可能都包含数十个甚至上百个功能组件，假设测试人员针对每个组件都编写了若干接口测试用例和功能测试用例，那么该软件完成一次集成测试所需要执行的测试用例数可能成百上千，甚至数万个以上。在这种情况下，实现集成测试的自动化执行就成了一件重要的事情。举个例子，假设笔者开发了一个名为 OnlineResumes 的 Web 应用程序，该示例的源代码存放在配套资源\示例代码\05_testOnlineResumes 目录下，该应用程序的分层结构大致如图 5-1 所示。

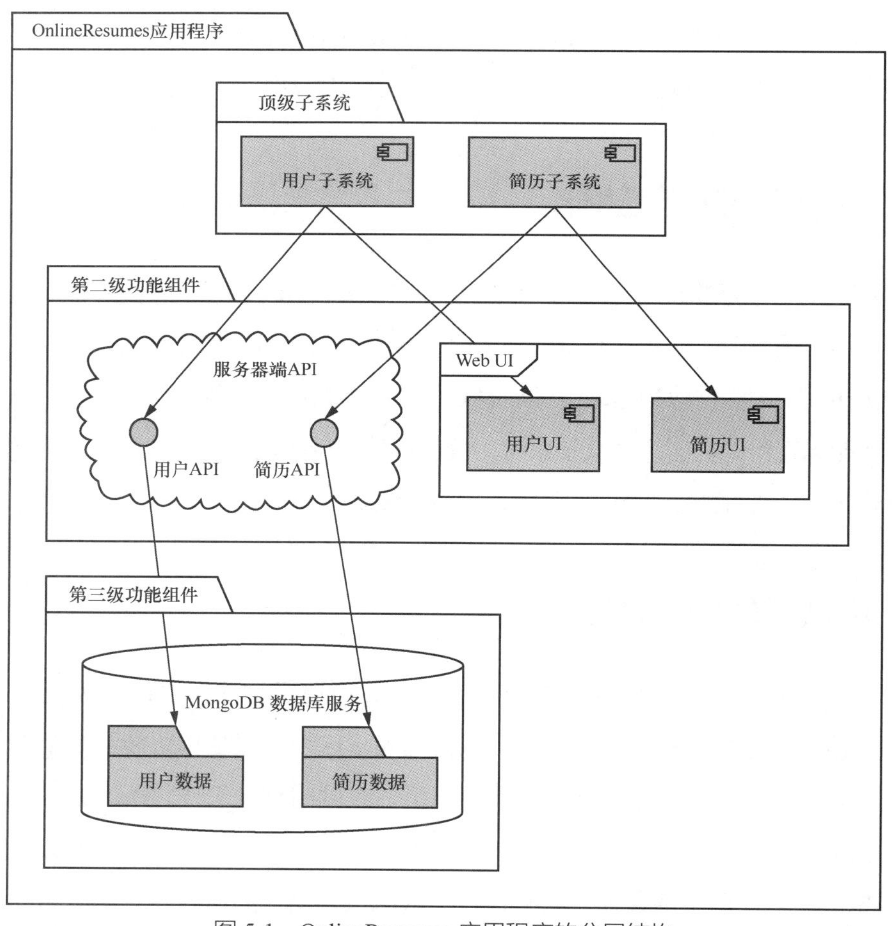

图 5-1 OnlineResumes 应用程序的分层结构

现在，如果要求读者采用自上而下的方法对该应用程序中与用户功能相关的子系统进行集成测试，那么其测试用例的设计步骤大致如下。

（1）对应用程序顶层的子系统进行功能测试。根据示例程序的说明，这里需要进行测试的只有新用户注册、用户登录、查看/修改用户信息、注销用户这几个基本功能。其测试用例的设计步骤与功能测试的步骤大致相同，具体如下。

① 在 Web 浏览器中使用 Selenium IDE 针对要测试的每一个功能录制一次正常的用户操作，并将录制的结果导出为可自动执行的脚本。在这里，将该脚本保存在配套资源\示例代码\05_testOnlineResumes\testScripts 目录下，并将脚本文件命名为 test_userSystem.py。

② 基于等价类划分法和边界值分析法，设计具体的测试用例，并将它们整合到之前导出的自动化测试脚本中。

（2）对属于第二级功能组件的 Web UI 进行测试。在 UI 测试中，测试人员也可以采用与功能测试相似的步骤来完成任务，即先使用 Selenium IDE 来录制模拟使用 OnlineResumes 示例程序的用户操作，并导出自动化测试脚本，再通过测试用例执行测试。只不过这一次设计的测试用例需要检查 Web UI 自身的执行情况，例如，确认它是否有应对 SQL 注入这类破坏性输入的能力，用户在正常登录之后是否能跳转到个人的信息页面，等等。同样，将导出的脚本文件保存在配套资源\示例代码\05_testOnlineResumes\testScripts 目录下，并将其命名为 test_userUI.py。

（3）对同属第二级功能组件的服务器端 API 进行接口测试。根据示例程序的说明，针对读者在第一步测试的每一个基本功能，其服务器端都有一个基于 RESTful 架构的 API，其测试用例的设计步骤与接口测试的步骤大致相同，具体如下。

① 在配套资源\示例代码\05_testOnlineResumes\testScripts 目录下创建一个名为 test_userAPI.py 并且基于 PyTest 规范的自动化测试脚本。

② 在 test_userAPI.py 脚本中使用 requests 这样的扩展库模拟 Web UI，向各个功能的 API 发起请求，并检查接口调用的情况及其返回的数据格式是否符合 RESTful 架构的规范，例如，发起 HTTP 请求时使用的方法是 GET 还是 POST，返回的数据格式是不是 JSON 等。

（4）对属于第三级功能组件的数据库服务进行接口测试。根据示例程序的说明，它在服务器端使用的是 MongoDB 数据库服务，因此，可以按照以下步骤设计针对它的测试用例。

① 在配套资源\示例代码\05_testOnlineResumes\testScripts 目录下创建一个名为 test_userDB.py 的基于 PyTest 规范的自动化测试脚本。

② 在 test_userDB.py 脚本中使用 PyMongo 这样的扩展库模拟服务器端的 API，向应用程序的数据库发起数据操作请求，并检查接口调用的情况及其返回的数据格式是否符合服务器端 API 的处理规范，例如，数据的增、删、改、查操作是否成功，返回的数据格式是不是 JSON 等。

关于通过上述步骤生成的脚本文件，由于其中定义的测试用例较多，整体的代码规模也较大，这里就不直接展示了，读者可根据上述设计思路并借助 Selenium IDE 之类的工具来获得真实的测试用例，然后将其导出为可自动执行的脚本文件。接下来的任务是学习如何使用自动化测试工具执行这些拥有一定数量的、针对各级功能组件的测试用例。

5.1.2 使用自动化测试工具

在之前的示例中，本书一直使用一款叫作 PyTest 的命令行工具来展示自动化测试脚本的执行结果，它实际上是一套常用于执行集成测试任务的自动化测试工具。虽然 PyTest 本身是一款基于 Python 语言的单元测试框架，程序员可以轻松且高效地使用它编写出各种用于单元测试的 Python 脚本（它还可以直接使用 Python 原生的 `assert` 语句来进行测试判断），但与 Selenium 之类的测试框架相比，作为一款自动化测试工具，PyTest 所能提供的功能显然更受专业测试人员的青睐。它可以利用自身可执行参数化测试的特性帮助程序员更好地组织和管理基于 Selenium、Appium、Requests 等第三方测试框架设计的测试用例，提高测试的质量和效率。接下来，就以 PyTest 为例简单介绍自动化测试工具的使用方法，以帮助读者更好地实现集成测试的自动化。

和所有基于 Python 语言实现的第三方库或工具一样，在使用 PyTest 组织和管理测试任务之前，读者需要在自己的计算机中打开 PowerShell 这样的命令行终端，并执行 `pip insatll pytest` 命令来安装它。在该安装命令执行完成之后，就可以通过 `pytest --version` 命令验证 PyTest 是否安装成功。如果命令行终端输出了类似于图 5-2 的版本信息，就证明该工具已经处于可用状态。现在，可以正式开始学习如何使用这款命令行工具来组织和管理测试用例了。

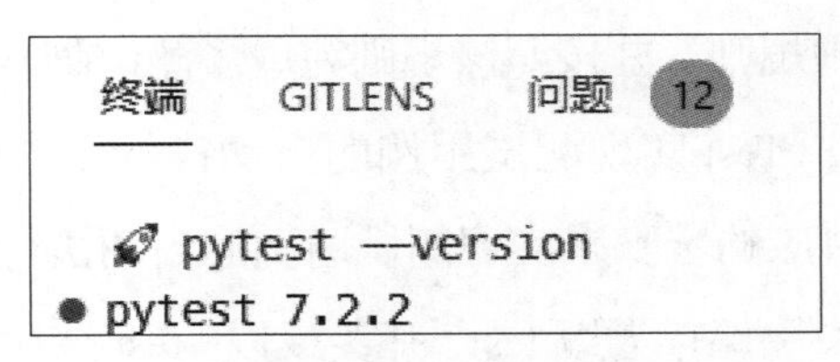

图 5-2　PyTest 的版本信息

当 PyTest 以命令行工具的形式被启动时，该工具会先自动遍历用户当前所在的目录及其所有子目录，并根据 PyTest 的用例识别规则来自动收集可纳入自动执行列表的测试用例，然后按照收集的列表逐项执行测试用例。所以使用 PyTest 这款自动化测试工具的第一步是按照它的用例识别规则编写执行测试用例的 Python 脚本。在默认情况下，PyTest 的用例识别规则如下。

- **模块级规则：** 在 PyTest 中，如果想以模块的形式组织测试用例，定义模块的文件名就必须以 test_ 开头或以 _test 结尾，如 test_login.py、login_test.py 等。
- **类型级规则：** 在 PyTest 中，如果想以 class 的形式组织测试用例，类名就必须以 Test 开头，且不能定义 `__init__()` 方法，其中的每个测试方法名都必须以 test_ 开头，具体如下。

```
class TestCases:
    def testCase1(self):
        assert 100==100

    def testCase2(self):
        assert 101==100
```

- **函数级规则：** 在 PyTest 中，如果想以普通函数的形式组织测试用例，只需在定义函数时都采用以 test 开头的函数名即可，具体如下。

```
def testCase1():
    assert 100==100

def testCase2():
    assert 101==100
```

在了解了上述用例识别规则，并按照该规则完成了测试脚本的编写工作之后，读者就可以在命令行终端中使用 PyTest 实现测试用例的自动执行了。根据上述测试用例的组织方式，读者可以分别采用对应的步骤来实现测试用例的自动执行。如果测试用例是以模块为单位来组织的，就将该模块保存为以 test_ 开头或以 _test 结尾的文件，然后使用 PyTest 执行即可，如将下面这两条 assert 语句保存到一个名为 test_dome.py 文件中。

```
assert 100==100
assert 101==100
```

然后，在该文件所在的目录中打开命令行终端，并执行 pytest 命令，就会得到如下输出。

```
============== test session starts ===================================
platform win32 -- Python 3.10.10, pytest-7.2.2, pluggy-1.0.0
rootdir: D:\user\Documents\works\AutomatedTest_in_python\配套资源\示例代码\05_testOnlineResumes
collected 0 items / 1 error

============= ERRORS ===================================================
_______________ ERROR collecting testScripts/test_dome.py _______
testScripts\test_dome.py:2: in <module>
    assert 101==100
E   assert 101==100
============ short test summary info ===================================
ERROR testScripts/test_dome.py - assert 101==100
!!!!!!!!!!!!! Interrupted: 1 error during collection !!!!!!!!!
```

而如果测试用例是以普通函数为单位来组织的，就在测试脚本中以 test 开头来命名一组函数，使用 PyTest 执行这组函数所在的文件，修改之前创建的 test_dome.py 文件的内容。

```
def testCase1(self):
    assert 100==100
```

```
    def testCase2(self):
        assert 101==100
```

然后，同样在该文件所在的目录中打开命令行终端，并执行 pytest 命令，就会得到如下输出。

```
============== test session starts ==================================
platform win32 -- Python 3.10.10, pytest-7.2.2, pluggy-1.0.0
rootdir: D:\user\Documents\works\AutomatedTest_in_python\配套资源\
示例代码\05_testOnlineResumes
collected 2 items

testScripts\test_dome.py.F                                     [100%]

=============== FAILURES ============================================
________________ testCase2 __________________________________________

    def testCase2():
>       assert 101==100
E       assert 101==100

testScripts\test_dome.py:9: AssertionError
=============== short test summary info =============================
FAILED testScripts/test_dome.py::testCase2 - assert 101==100
=============== 1 failed, 1 passed in 0.09s ===================
```

最后，如果测试用例是以自定义类型为单位来组织的，就在测试脚本中以 test 开头来命名自定义类型，然后使用 PyTest 执行该类型所在的文件即可，例如，修改之前创建的 test_dome.py 文件的内容。

```
class TestCases:
    def testCase1(self):
        assert 100==100

    def testCase2(self):
        assert 101==100
```

接着，在该文件所在的目录中打开命令行终端，并执行 pytest 命令，就会得到如下输出。

```
============== test session starts ==================================
platform win32 -- Python 3.10.10, pytest-7.2.2, pluggy-1.0.0
rootdir: D:\user\Documents\works\AutomatedTest_in_python\配套资源\
示例代码\05_testOnlineResumes
collected 2 items

testScripts\test_dome.py .F                                   [100%]

=============== FAILURES ============================================
________________ TestCases.testCase2 _______________________________

self=<test_dome.TestCases object at 0x00000190CE18FD90>

    def testCase2(self):
>       assert 101==100
E       assert 101==100

testScripts\test_dome.py:14: AssertionError
=============== short test summary info =============================
FAILED testScripts/test_dome.py::TestCases::testCase2-assert
101==100
=============== 1 failed, 1 passed in 0.06s ========================
```

读者可以看到，按照上述 3 种组织形式执行的测试用例是相同的，即用 assert 语句检查 100==100 和 101==100 这两个等值表达式的执行，当表达式返回 true 时就表示测试通过，当返回 false 时则表示测试不通过。因此 PyTest 输出的结果大同小异，即一个表达式通过了测试，而另一个表达式不通过测试。

本书之前在使用 pytest 命令展示测试用例的执行结果时使用了特定的参数，以便让测试用例输出更详细的信息。下面介绍以 pytest [参数列表] 的形式执行测试用例时可添加的常用参数。

-v 参数用于让 PyTest 在命令行终端中输出更详细的测试报告，如使用 PASSED 和 FAILED 标签明确标记测试通过或不通过的测试用例。例如，如果我们使用 -v 参数重新执行之前的 test_dome.py 脚本，就会得到图 5-3 所示的测试报告。

```
pytest -v .\testScripts\test_dome.py
============================= test session starts =============================
platform win32 -- Python 3.10.10, pytest-7.2.2, pluggy-1.0.0 -- C:\Users\lingjie\AppData\Local\Programs\Python\Python310\python.exe
cachedir: .pytest_cache
rootdir: D:\user\Documents\works\AutomatedTest_in_python\配套资源\示例代码\05_testOnlineResumes
collected 2 items

testScripts/test_dome.py::TestCases::testCase1 PASSED                    [ 50%]
testScripts/test_dome.py::TestCases::testCase2 FAILED                    [100%]

================================== FAILURES ===================================
____________________________ TestCases.testCase2 ______________________________

self = <test_dome.TestCases object at 0x0000017A9D30F8E0>

    def testCase2(self):
>       assert 101 == 100
E       assert 101 == 100

testScripts\test_dome.py:18: AssertionError
=========================== short test summary info ===========================
FAILED testScripts/test_dome.py::TestCases::testCase2 - assert 101 == 100
========================= 1 failed, 1 passed in 0.15s =========================
```

图 5-3　PyTest 使用 -v 参数时得到的测试报告

-s 参数用于让 PyTest 在命令行终端中输出测试脚本产生的调试信息，包括脚本自身调用 print() 函数输出的信息。例如，我们在之前的 test_dome.py 脚本中添加两个 print() 函数的调用，具体如下。

```
class TestCases:
    def testCase1(self):
        print('\n------testCase1 正在执行------')
         assert 100==100

    def testCase2(self):
        print('\n------testCase2 正在执行------')
        assert 101==100
```

然后，使用 -s 参数重新执行该测试脚本，就会得到图 5-4 所示的测试报告。

-vs 参数用于将上述两个参数叠加使用，以便让 PyTest 在命令行终端中输出更详细的、带调试信息的测试报告。例如，我们使用 -vs 参数重新执行之前的 test_dome.py 脚本，就会得到图 5-5 所示的测试报告。

```
pytest -s .\testScripts\test_dome.py
==================================== test session starts ====================================
platform win32 -- Python 3.10.10, pytest-7.2.2, pluggy-1.0.0
rootdir: D:\user\Documents\works\AutomatedTest_in_python\配套资源\示例代码\05_testOnlineResumes
collected 2 items

testScripts\test_dome.py
-------testCase1 正在执行-------
.
-------testCase2 正在执行-------
F

========================================= FAILURES ==========================================
____________________________________ TestCases.testCase2 ____________________________________

self = <test_dome.TestCases object at 0x000001EFD4BA3130>

    def testCase2(self):
        print('\n-------testCase2 正在执行-------')
>       assert 101 == 100
E       assert 101 == 100

testScripts\test_dome.py:20: AssertionError
================================= short test summary info ==================================
FAILED testScripts/test_dome.py::TestCases::testCase2 - assert 101 == 100
=============================== 1 failed, 1 passed in 0.14s ================================
```

图 5-4　PyTest 使用 -s 参数时得到的测试报告

```
pytest -vs .\testScripts\test_dome.py
==================================== test session starts ====================================
platform win32 -- Python 3.10.10, pytest-7.2.2, pluggy-1.0.0 -- C:\Users\lingjie\AppData\Local\Programs\Python\Python310\python.exe
cachedir: .pytest_cache
rootdir: D:\user\Documents\works\AutomatedTest_in_python\配套资源\示例代码\05_testOnlineResumes
collected 2 items

testScripts/test_dome.py::TestCases::testCase1
-------testCase1 正在执行-------
PASSED
testScripts/test_dome.py::TestCases::testCase2
-------testCase2 正在执行-------
FAILED

========================================= FAILURES ==========================================
____________________________________ TestCases.testCase2 ____________________________________

self = <test_dome.TestCases object at 0x0000018BDF333100>

    def testCase2(self):
        print('\n-------testCase2 正在执行-------')
>       assert 101 == 100
E       assert 101 == 100

testScripts\test_dome.py:20: AssertionError
================================= short test summary info ==================================
FAILED testScripts/test_dome.py::TestCases::testCase2 - assert 101 == 100
=============================== 1 failed, 1 passed in 0.14s ================================
```

图 5-5　PyTest 使用 -vs 参数时得到的测试报告

这里需要特别提醒的是，由于篇幅限制，这里介绍的只是以自动化测试工具的形式使用 PyTest 时常用的参数。如果读者想了解该工具更多可用的参数，可以自行参考该工具的官方文档（获取官方文档的方式与本书第 3 章中示范的基本相同），或在命令行终端中利用 `pytest --help` 命令获取该工具官方提供的使用说明，如图 5-6 所示。

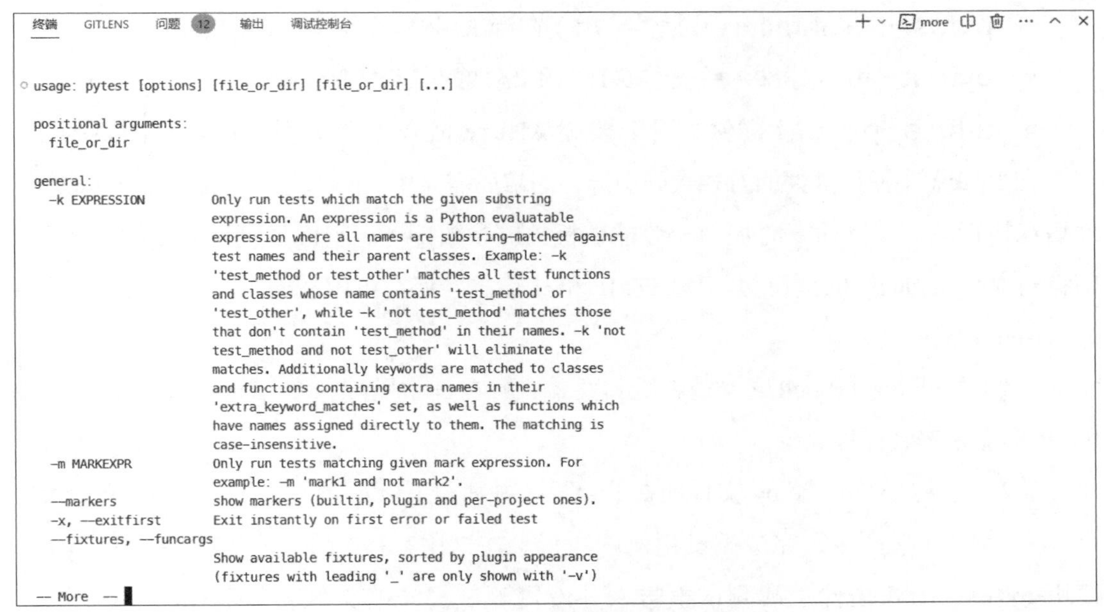

图 5-6 PyTest 的使用说明

除了参数之外，读者还可以用 `pytest [目录/文件::函数|类::方法]` 的形式指定要执行的测试用例。下面是针对一些具体使用场景的 `pytest` 命令示例。

- `pytest./testScripts/`：执行当前目录下一个名为 testScripts 的子目录中所有可识别的测试用例。
- `pytest./test_dome.py`：执行当前目录下一个名为 test_dome.py 的文件中所有可识别的测试用例。
- `pytest./test_dome.py::TestFunction`：执行上述 test_dome.py 文件中一个名为 `TestFunction()` 的方法所要执行的测试用例。
- `pytest./test_dome.py::TestClass`：执行上述 test_dome.py 文件中由一个名为 TestClass 的类定义的所有测试用例。
- `pytest./test_dome.py::TestClass::test_method`：执行上述 TestClass 类中一个名为 `test_method()` 的方法所要执行的测试用例。

最后，如果读者想使用 PyTest 实现更强大的自动化测试功能，还可以学习如何使用 PyTest 的插件系统。该插件系统给 PyTest 这款自动化测试工具提供了许多功能强大的第三方插件，其中常用的如下。

- **pytest-xdist 插件**：用于以多核心并行或分布式的方式来执行测试用例。
- **pytest-ordering 插件**：用于让测试人员自定义测试用例的执行顺序。

- **pytest-rerunfailures 插件：**用于在测试用例运行失败后重启测试。
- **pytest-html 插件：**用于生成 HTML 格式的自动化测试报告。
- **allure-pytest 插件：**用于按照 Allure 格式生成美观的自动化测试报告。

在 PyTest 中使用插件的方式大同小异，通常只需先用 pip 管理器安装要使用的插件，然后在执行 `pytest` 命令时加上与该插件相关的参数即可。下面举例说明，如果想让之前针对 test_dome.py 的测试报告以 HTML 格式输出，那么可以按照以下步骤安装并使用 pytest-html 插件。

（1）打开 PowerShell 之类的命令行终端，并在其中执行 `pip install pytest-html` 命令来安装插件。

（2）进入 test_dome.py 文件所在的目录，并执行 `pytest --html=./out.html test_dome.py` 命令，完成测试用例的执行。在这里，`--html` 的作用是指示 PyTest 使用 pytest-html 插件生成测试报告，并设置测试报告的文件名与保存路径。

（3）在 test_dome.py 文件所在的目录中就会自动生成一个名为 out.html 的文件。如果读者用 Web 浏览器打开该文件，就会看到图 5-7 所示的测试报告。

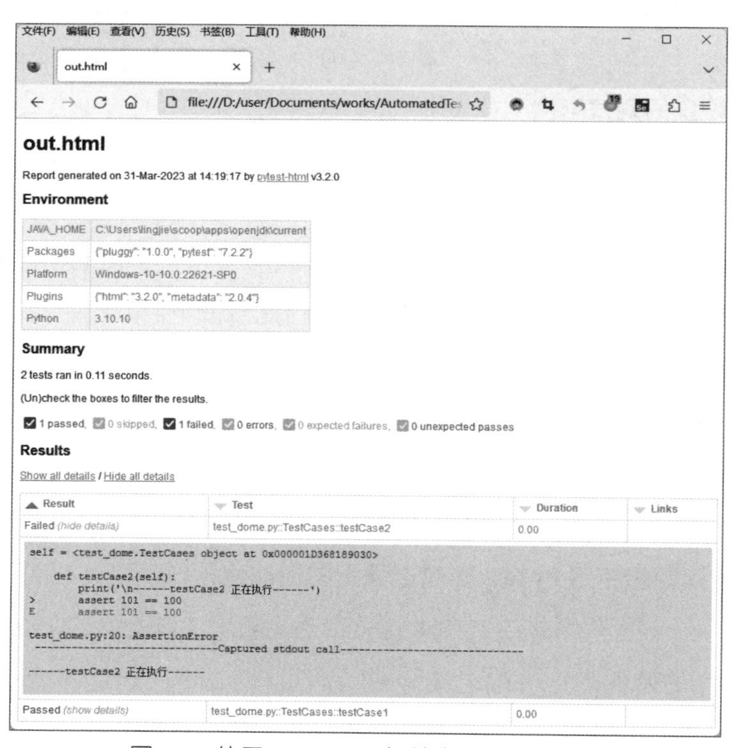

图 5-7　使用 pytest-html 插件生成的测试报告

如果想按照自上而下的方式完成针对 onlineResumes 应用程序的集成测试，就要按照指定的顺序执行在本章前面编写的 4 个测试脚本。这需要借助 pytest-ordering 插件来实现，具体步骤如下。

（1）打开 PowerShell 之类的命令行终端，并在其中执行 `pip install pytest-ordering` 命令来安装插件。

（2）用命令行终端进入配套资源\示例代码\05_testOnlineResumes\testScripts 目录中，并分别修改之前创建的 4 个测试脚本。使用 `@pytest.mark.run(order=[数字])` 语句标注其中测试用例执行的顺序，数字 1 代表最先执行，然后随着数字的递增，执行顺序依次延后。为了方便演示，这里对这 4 个测试脚本的内容进行简化。

```
# test_userSystem.py
import pytest
@pytest.mark.run(order=1)
def testfunc():
    print("userSystem")

# test_userUI.py
import pytest
@pytest.mark.run(order=2)
def testfunc():
    print("userUI")

# test_userAPI.py
import pytest
@pytest.mark.run(order=3)
def testfunc():
    print("userAPI")

# test_userDB.py
import pytest
@pytest.mark.run(order=4)
def testfunc():
    print("userDB")
```

（3）用命令行终端在配套资源\示例代码\05_testOnlineResumes\testScripts 目录中执

行 `pytest -vs ./` 命令（在此之前，一定要先注释掉 test_dome.py 文件中的所有代码，以免这部分纯粹用于临时测试的代码也被写入针对 onlineResumes 示例程序的测试报告中），就会看到图 5-8 所示的测试报告。

```
pytest -vs ./
=============================== test session starts ===============================
platform win32 -- Python 3.10.10, pytest-7.2.2, pluggy-1.0.0 -- C:\Users\lingjie\AppData\Local\Programs\Python\Python310\python.exe
cachedir: .pytest_cache
metadata: {'Python': '3.10.10', 'Platform': 'Windows-10-10.0.22621-SP0', 'Packages': {'pytest': '7.2.2', 'pluggy': '1.0.0'}, 'Plugins': {'html': '3.2.0', 'metadata': '2.0.4', 'ordering': '0.6'}, 'JAVA_HOME': 'C:\\Users\\lingjie\\scoop\\apps\\openjdk\\current'}
rootdir: D:\user\Documents\works\AutomatedTest_in_python\配套资源\示例代码\05_testOnlineResumes\testScripts
plugins: html-3.2.0, metadata-2.0.4, ordering-0.6
collected 4 items

test_userSystem.py::testfunc userSystem
PASSED
test_userUI.py::testfunc userUI
PASSED
test_userAPI.py::testfunc userAPI
PASSED
test_userDB.py::testfunc userDB
PASSED

=============================== 4 passed in 0.03s ===============================
```

图 5-8 使用 pytest-ordering 插件完成集成测试所得到的测试报告

与设计测试用例时一样，真正针对 onlineResumes 示例程序的集成测试报告要比上面所展示的内容复杂得多，因此不便于直接在书中展示。先使用 Selenium IDE 录制具有针对性的测试用例并导出为脚本，然后实践上述步骤，就可以得到真正的测试报告。如果实践的过程一切顺利，就意味着读者初步掌握了使用 PyTest 实现自动化集成测试的方法。当然，除了这里介绍的 PyTest 之外，类似的自动化测试工具还有 Unittest。它们最初都是基于 Python 语言实现的单元测试框架，而后来更受人们青睐的是这类框架组织和管理测试用例的功能，以及与 Selenium、Appium 等第三方测试框架的集成能力。读者如有兴趣，可以参考本书第 3 章介绍的快速学习方法，了解 Unittest 框架的使用方法。

5.2 持续集成测试

到目前为止，本书所演示的都是基于传统软件工程理念的测试工作，这意味着测试人员的集成测试任务必须等待软件的开发团队完成所有相关模块的开发之后才能启动。这种流水线式的生产方式背后的管理理念显然是“机械化生产时代”的产物，它需要项目需求非常稳定，项目的时间和经济成本都非常充足，以便大家可以各司其职。但在实际生产环境中，项目需求往往是模糊不清且随时变化的，项目的开发与测试不是单向运作的，留给软件生产团队的时间和经费也基本是不足的[1]。更重要的是，传统的软件工程还存在许多脱离现实的问题。因为绝大部分软件在生产初期根本不会有太多人参与，通常由两三个人做所有的事情。在这种情况下，将生产过程划分为不同的阶段，然后进行相关的分工并没有多少实际意义。总而言之，如果在瞬息万变的互联网时代还继续采用这种方式，无疑会让软件的生产过程变得非常庞杂且僵化。

5.2.1 DevOps 工作理念

为了解决传统软件工程所带来的问题，在 2009 年前后基于敏捷开发、极限编程等现代软件工程理念，业界进一步提出了 DevOps 这个新的工作理念。从字面上来看，DevOps 是 Development 和 Operation 这两个英文单词的组合词，所以它事实上可以被理解成一套主张将开发（Dev）与运维（Ops）这两项工作一体化的软件生产方式，其核心内容是希望通过制订一整套自动化流程，让软件生产的整体过程更加快捷和可靠。在这种工作理念的指导下，软件的集成测试工作通常会按照一种被称作**持续集成**的方式来进行。这种方式主张让软件的测试任务与开发任务同步进行，即软件中的各种功能模块在被开发出一个原型时就持续以增量的方式被整合到整个系统中，并同步进行集成测试，以便随时修复测试中所发现的问题。在整个生产过程中，测试工作的任务就是确保软件的各个功能模块能尽快地正确集成到软件产品中，以达到快速交付的目的，并在此后的整个软件生命周期中维持快速迭代的状态。这种理念能给软件的生产过程带来的好处如下。

- **降低集成风险。**在传统的软件工程理念中，同一个软件通常会分别交给多组人员来分阶段进行开发、测试和维护。而在各司其职且沟通不畅的情况下，软件项目涉及的人员越多，其整合的风险就越大，频繁进行增量式集成测试将有助于降低此类风险。
- **克服沟通障碍。**由于持续集成的理念主张让测试与开发工作交叉进行，这就需要双方的工作人员深度了解彼此的工作内容，因此它有助于解决软件项目团队中不同成员之间的沟通问题。
- **保障代码质量。**由于持续集成的理念可以让开发人员随时解决测试过程中所发现的问题，因此它有助于软件项目团队将精力集中在业务代码和功能上，从而

① 关于传统软件工程理念在实际项目运作的过程中遇到的问题，读者可以参考《人月神话》。

开发出更高质量的软件。

- **实现版本控制**。由于持续集成的理念让测试人员可以随时发现软件在集成过程中出现的问题，因此软件项目团队通常能更及时地发现有问题的代码，并在有问题的软件版本发布之前修复这些问题，以避免无效的版本迭代。

简而言之，DevOps 所主张的软件生产方式是，鼓励软件项目团队先快速开发一个满足客户基本需求的、可交付的软件原型，然后通过快速迭代版本的方式满足不断变化的客户需求，同时借助有效的持续集成测试发现并解决软件中存在的各种问题，逐步提高其自身的性能和稳定性。这样一来，之前流水线式的生产流程就变成周而复始的循环体系，开发人员在这个体系中需要各自独立实现各种不同的小目标，然后将所有的小目标整合起来以实现大目标。

需要特别强调的是，DevOps 工作理念主张的并不是简单地在软件生产过程中将开发、测试与运维等工作“合而为一”，这种简单的理解可能就是该工作理念一直以来难以被真正贯彻的主要原因。毕竟，这 3 种工作在传统思路上是相互冲突的，对于运维工作来说，稳定是压倒一切的，而测试工作的任务是找出问题，完成开发工作的人员则更倾向于找到富有创造力的解决方案。所以，如果想将这一工作理念真正贯彻到底，首先要做的是解放思想。换言之，程序员不仅需要改变软件生产过程中的工作流程，还要改变整个开发团队中的各个工作角色，从管理人员到开发人员，再到测试人员与运维人员等人员都需要在思想观念上进行变革。如果不能做到这一点，即使将所有工作角色集于一人，不同工作之间的思维转换也是一个问题。

综上所述，程序员在贯彻 DevOps 工作理念时需要重新制定软件生产流程的一系列规范和标准。按照这些规范和标准，针对软件的测试工作，要求测试人员积极介入各个功能模块的开发工作中，了解这些模块在开发过程中所使用的宏观架构和技术细节，以便确定与之相对应的测试方案。而开发人员在工作中要及时解决测试过程中发现的问题，并提供更有利于软件部署和后期维护的优化建议。在这种情况下，DevOps 工作理念所主张的软件生产方式不仅考验项目人员的软件开发 / 测试技术，还考验其组织和管理能力。

5.2.2 持续集成工具

在将 DevOps 工作理念运用到软件生产的实践过程中，开发者往往需要经常对自己正在开发的功能模块进行系统集成。在很多时候，项目管理员甚至会要求其团队的每个开发人员每天至少提交一次集成请求。这意味着在软件的整个开发周期中，每天可能会发生多次集成。而每一次的集成都必须要经历构建、测试和部署等一系列的操作，其中会涉及大量的代码编译、测试用例执行和软件部署工作，这显然不是单纯靠人力就可以完成的，因此能否构建一套系统来实现持续集成的自动化就成了本书接下来要探讨的问题。

如果想要构建一个自动化的持续集成系统，首先要做的是部署一个供项目内部使用的版本控制系统，以便团队用可靠的方法来集中和保存自己的工作成果。然后，项目团队会专门部署一个持续集成服务器（也称构建服务器）。在这里，持续集成服务器是一种能在各种平台上完成自动化构建操作的软件工具，通常具有很好的可配置性，用于为团队的项目提供可靠和稳定的环境。

在实际生产环境中，项目管理员通常会选择将版本控制系统和持续集成服务器部署在一台相对“干净”的服务器上，以免其受到不相关的工具、环境变量或其他配置的影响。待部署工作完成之后，持续集成服务器就会利用版本控制系统监控项目的进度，并自动地执行系统集成操作。具体来说，它会在开发人员成功提交代码之后，按照项目管理员设定的规则和修改的部分完成软件的自动化构建，并进行集成测试任务。在完成相关任务之后，该服务器就会向项目团队中的相关成员发送软件的集成报告，其内容包括项目的最新版本信息、它所运行的构建脚本、测试用例和其他需要发送的通知信息等。除此之外，代码分析、代码覆盖率、代码质量报告、代理池（agent pooling）、管道（pipeline）、构建比较、集成开发环境集成、第三方工具支持等也是持续集成服务器常有的功能。

到目前为止，市面上常用的持续集成系统主要有 Jenkins、TeamCity、Travis CI、GoCD、Bamboo、GitLab CI、CircleCI 等。接下来，以 PyTest、Jenkins 这一工具组合为例介绍如何实现基于 DevOps 理念的自动化持续集成测试。

首先，需要按照以下步骤安装 Jenkins 系统，并对它进行相应的配置。

（1）准备一台相对“干净”的服务器（如果没有条件部署物理设备，也可以使用虚拟环境来代替），服务器的操作系统可以是任意一种 Linux 发行版或 Windows Server 操作系统。在这里，使用一台安装了 Windows Server 操作系统的虚拟机来示范后续步骤。

（2）安装版本控制系统，目的是让项目团队使用可靠的方法提交他们的工作成果，并交由 Jenkins 系统进行自动化的持续集成。在这里，推荐安装 Git 这一款分布式的版本控制系统。

（3）安装 Java 运行环境。由于 Jenkins 是一款基于 Java 语言的持续集成服务系统，因此它的运行依赖 Java 运行环境。

（4）在 Google、百度等搜索引擎中搜索“Jenkins download”，找到 Jenkins 的官方下载页面，如图 5-9 所示。

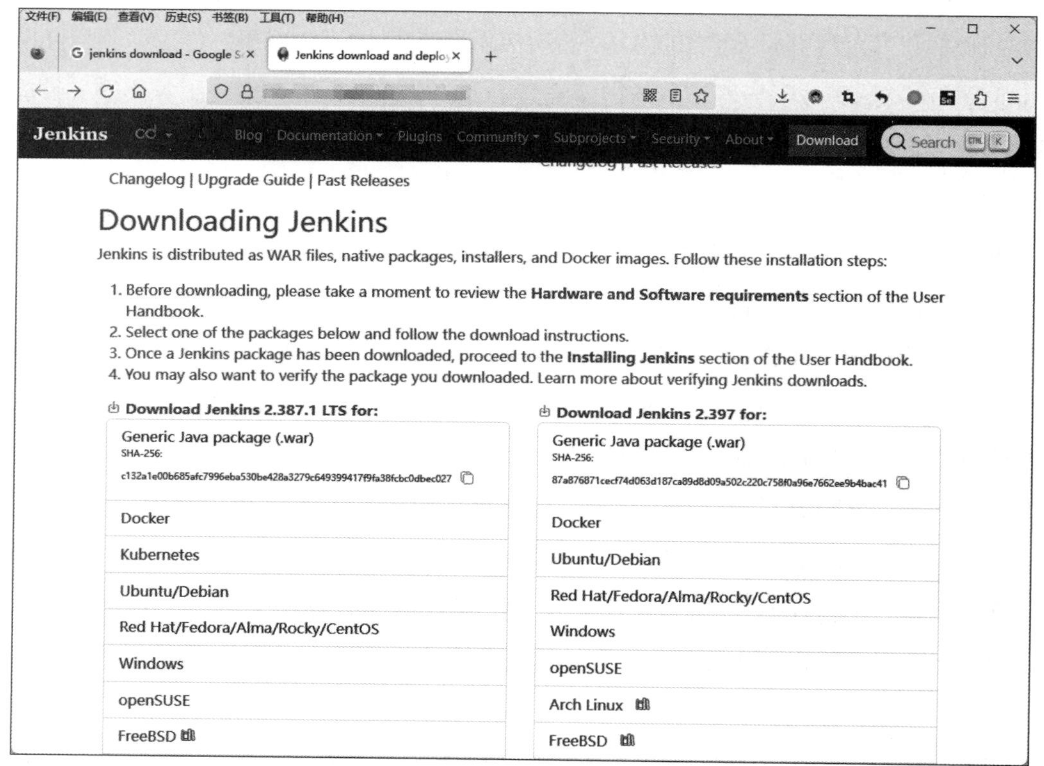

图 5-9　Jenkins 的官方下载页面

（5）选择下载左侧 LTS（Long Term Support，长期支持）版本的 Windows 安装包（文件名为 jenkins.msi），并将其上传到准备好的服务器上。

（6）进入服务器，在 jenkins.msi 文件所在的目录中双击该安装包，出现 Jenkins 系统的图形化安装向导界面，如图 5-10 所示。

（7）在图 5-10 所示的界面中，单击“Next”按钮，就会看到图 5-11 所示的安装路径设置界面，读者通常只需要保持默认设置，并直接单击“Next”按钮即可。

图 5-10　Jenkins 系统的图形化安装向导界面

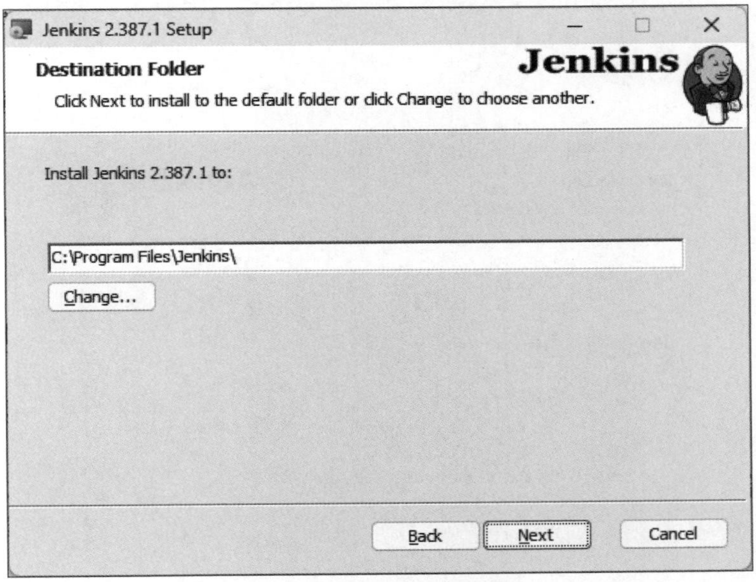

图 5-11　安装路径设置界面

（8）在图 5-12 所示的界面中，设置当前服务器系统的管理员账户和密码，并通过单击“Test Credentials”按钮验证账户的有效性（通常情况下，这里输入的应该是项目内部网络的管理员账户及其密码）。

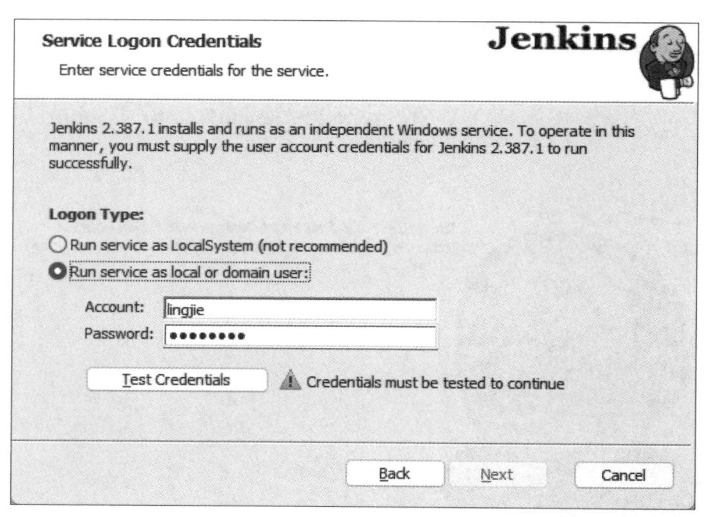

图 5-12 管理员账户设置界面

（9）在管理员账户通过验证之后，在上述界面中单击“Next”按钮，就会看到图 5-13 所示的服务端口设置界面。此处只需要保持默认的 8080 端口，并直接单击“Test Port”按钮，验证该端口的可用性即可（通常情况下，只要该端口没有被其他服务占用就能通过验证）。

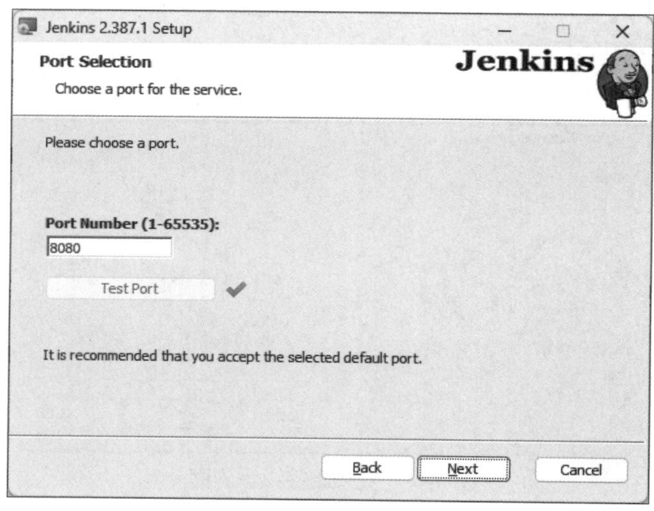

图 5-13 服务端口设置界面

（10）在服务端口通过验证之后，在图 5-13 的界面中单击“Next”按钮，就会看到图 5-14 所示的 Java 运行环境设置界面。此处，根据第（3）步中的安装情况，设置安装目录。

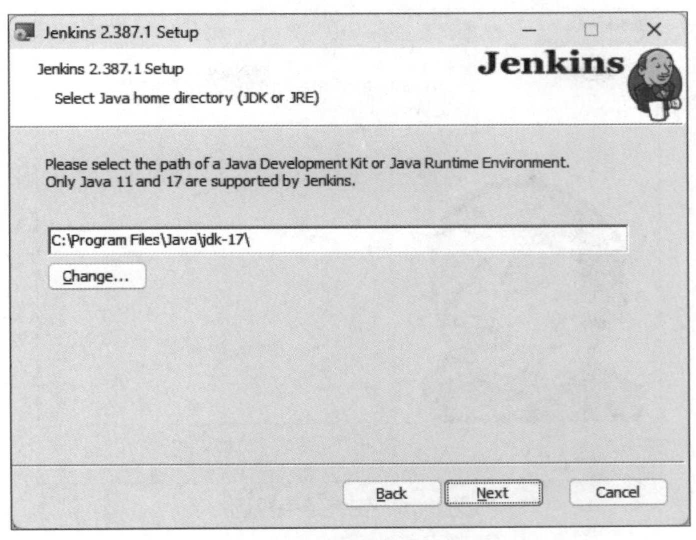

图 5-14　Java 运行环境设置界面

（11）在图 5-14 所示的界面中，单击“Next”按钮，就会看到图 5-15 所示的组件选择界面。在这个界面中指定要安装的 Jenkins 组件，通常只需要保持默认选项，并直接单击“Next”按钮即可。

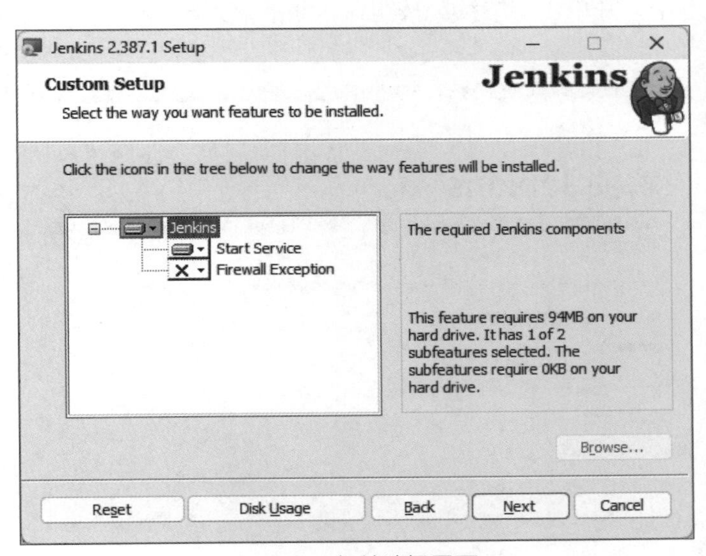

图 5-15　组件选择界面

（12）在弹出的确认界面中，单击“Install”按钮，即可开始 Jenkins 系统的安装。待安装完成之后，就会看到图 5-16 所示的安装结束界面，单击“Finish”按钮即可关闭该图形化安装向导界面。

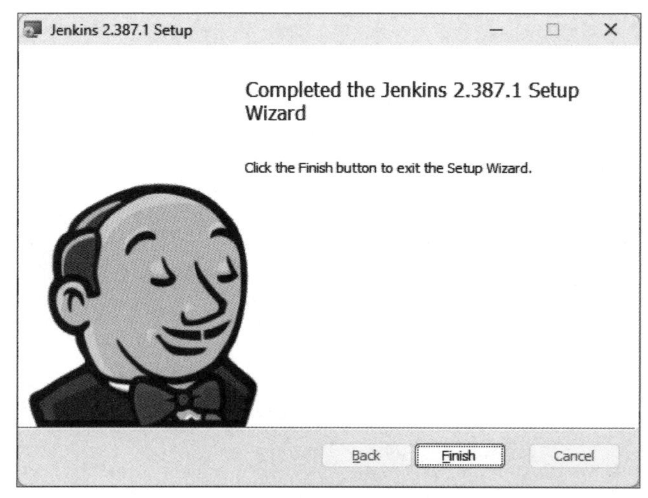

图 5-16 安装结束界面

（13）如果上述操作一切顺利，则可以使用服务器自带的 Web 浏览器，打开该 Jenkins 系统在本地可访问的 URL（假设在之前的安装步骤中为该系统指定的端口是 8080，那么该 URL 就是 http://localhost:8080），即可看到图 5-17 所示的界面。在这里，读者需要先根据该界面中的提示信息，找到 Jenkins 系统的初始密码，然后将该密码输入“管理员密码”输入框中，并单击“继续”按钮，以激活该系统。

图 5-17 Jenkins 系统的初始界面

（14）启动一个名为“新手入门”的配置向导程序，显示是用于安装插件的界面，如

图 5-18 所示。对于初学者，建议选择“安装推荐的插件”，以确保 Jenkins 系统的基本功能可以正常使用。

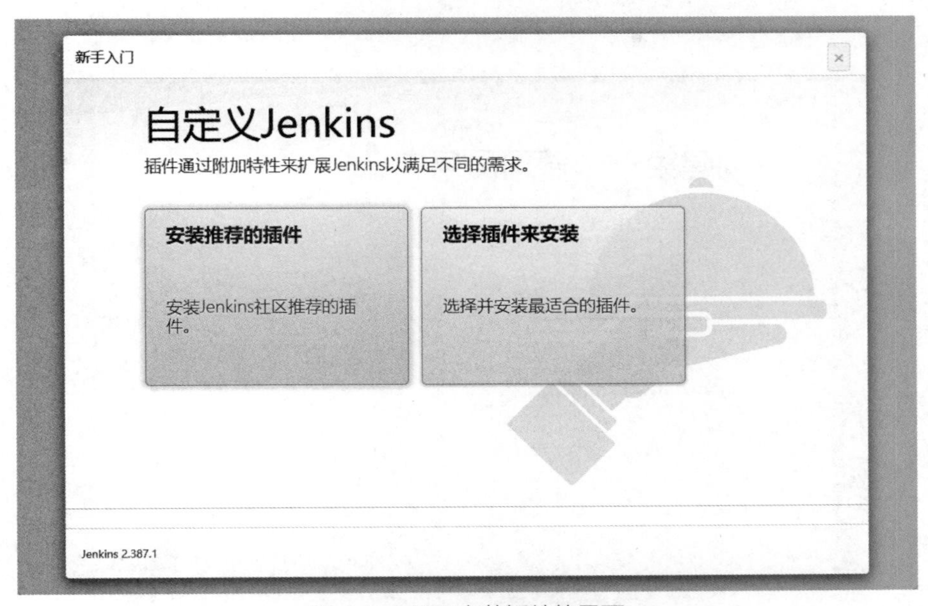

图 5-18　用于安装插件的界面

（15）显示 Jenkins 系统推荐安装的插件，以及插件安装的进度，如图 5-19 所示。

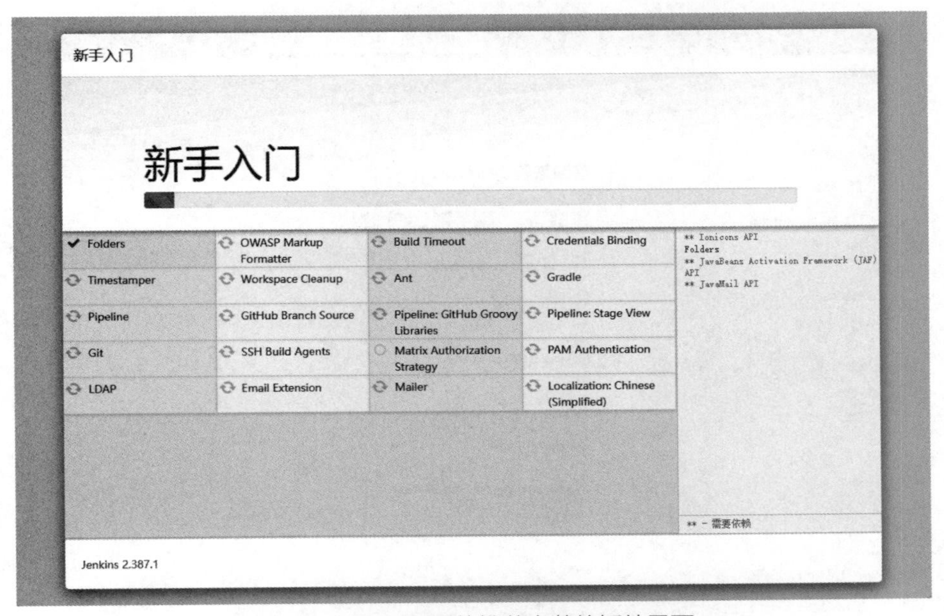

图 5-19　Jenkins 系统推荐安装的插件界面

（16）待插件安装完成之后，在图 5-20 所示的 Jenkins 系统管理员创建界面中，设置由项目管理员使用的用户名、密码和电子邮件地址等信息，单击“保存并完成”按钮，即可完成 Jenkins 系统管理员的创建。

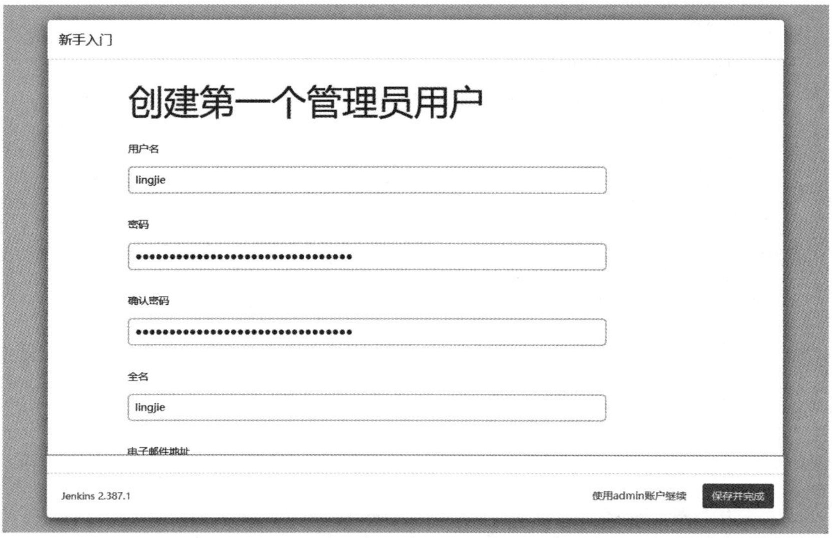

图 5-20　Jenkins 系统管理员创建界面

（17）正式进入图 5-21 所示的“Dashboard”界面。

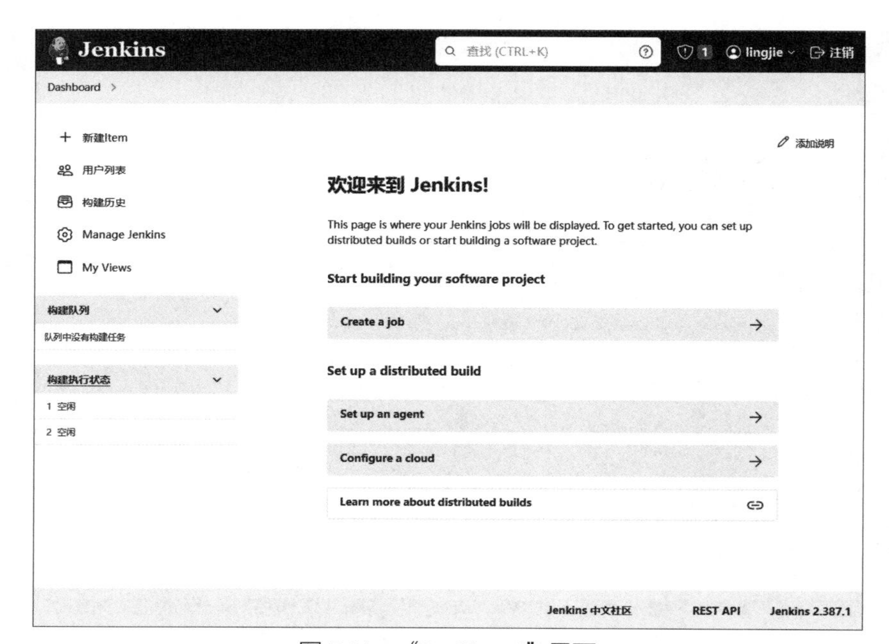

图 5-21　“Dashboard”界面

（18）通常情况下，开发项目的管理员要做的就是给这台持续集成服务器设置一个可供项目内部网络中的其他计算机远程登录的URL，这样即便无法物理接触这台服务器设备也可以进行所有的管理操作。具体方法是在“Dashboard”界面中，单击左侧的“Manage Jenkins”选项，进入图5-22所示的Jenkins设置界面。

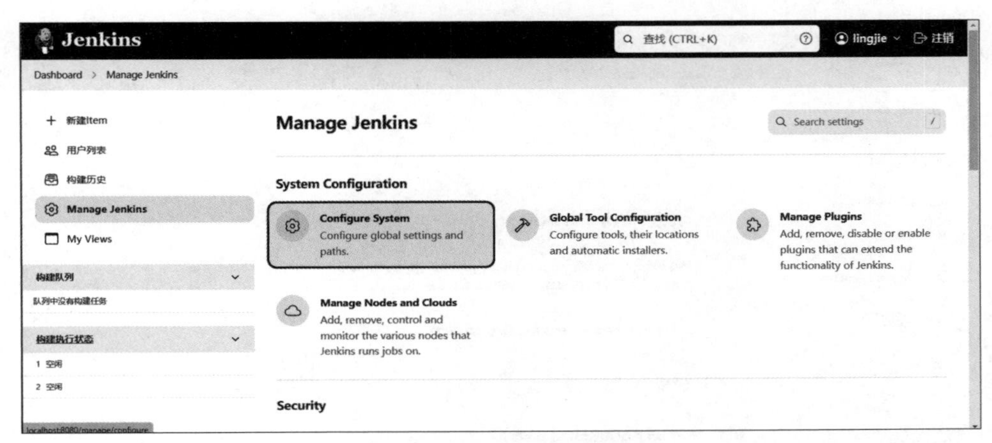

图5-22　Jenkins设置界面

（19）在图5-22所示的界面中，选择“Configure System”，并在随后进入的界面中找到“Jenkins URL”设置项，如图5-23所示。在这里，根据自己所在的团队设置一个内部网络可用的URL。

Dashboard > Manage Jenkins > Configure System >

Jenkins Location

Jenkins URL ?

http://jenkins.lingjie.cn:8080/

系统管理员邮件地址 ?

lingjie <admin@lingjie.cn>

图5-23　Jenkins URL设置界面

现在只要设置好相关域名的DNS（Domain Name System，域名系统）表，项目管理员就可以在这台服务器所在的局域网内的任意一台计算机上访问该Jenkins系统了。例如，图5-24所示的是笔者在另一个Windows操作系统上使用Microsoft Edge浏览器访问该持续集成系统时的情况。当然，如果想在整个互联网的任何地方都能访问该服务器，就需要专门购买面向全球互联网的域名服务，并在其“Configure Global Security”界面中完成更严格的安全设置。由于这种需求在大多数软件项目的开发工作中并不常见，因此在这里就不展开介绍了，读者如有兴趣，可自行参考 Jenkins 的官方文档。

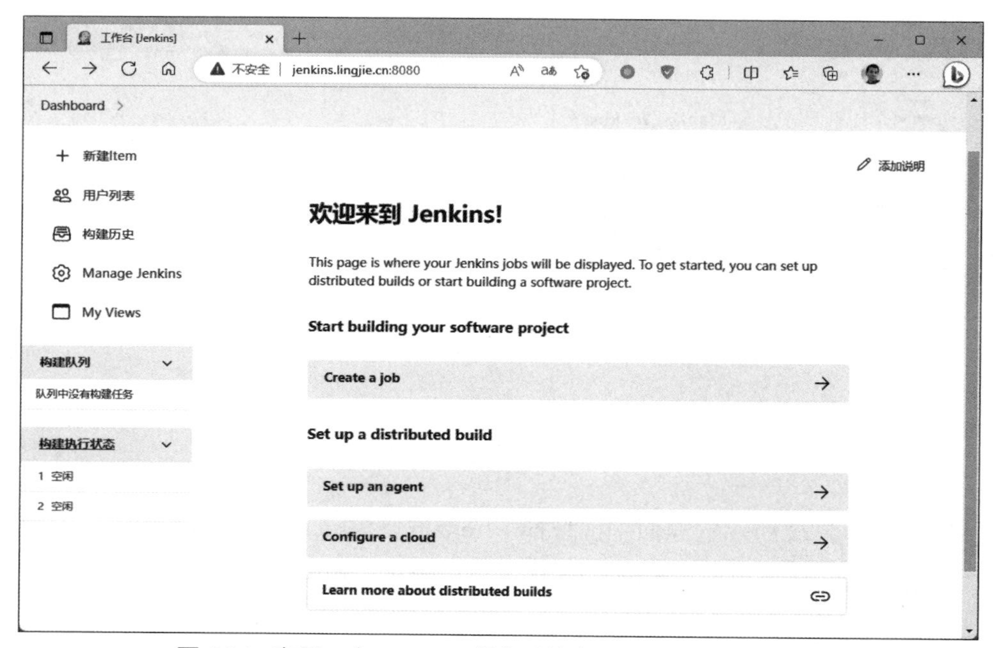

图 5-24 在另一个 Windows 操作系统上远程访问 Jenkins 系统

接下来，本书将继续以 OnlineResumes 示例程序为目标演示如何使用 PyTest、Jenkins 这一工具组合来实现基于持续集成方式的自动化测试。主要步骤如下。

（1）在图 5-21 所示的“Dashboard”界面中，选择左侧的“新建 Item”选项并进入新建任务界面，给要创建的自动集成任务指定一个任务名称，并选择下面的“Freestyle project”选项，如图 5-25 所示。

（2）在图 5-25 所示的界面中，单击“确定”按钮，就会显示图 5-26 所示的任务配置界面。由于在这里要执行的是一个基于 Python 环境的自动化测试任务，因此只需填写一些简单说明，其他选项保持默认即可。

图 5-25 新建任务界面

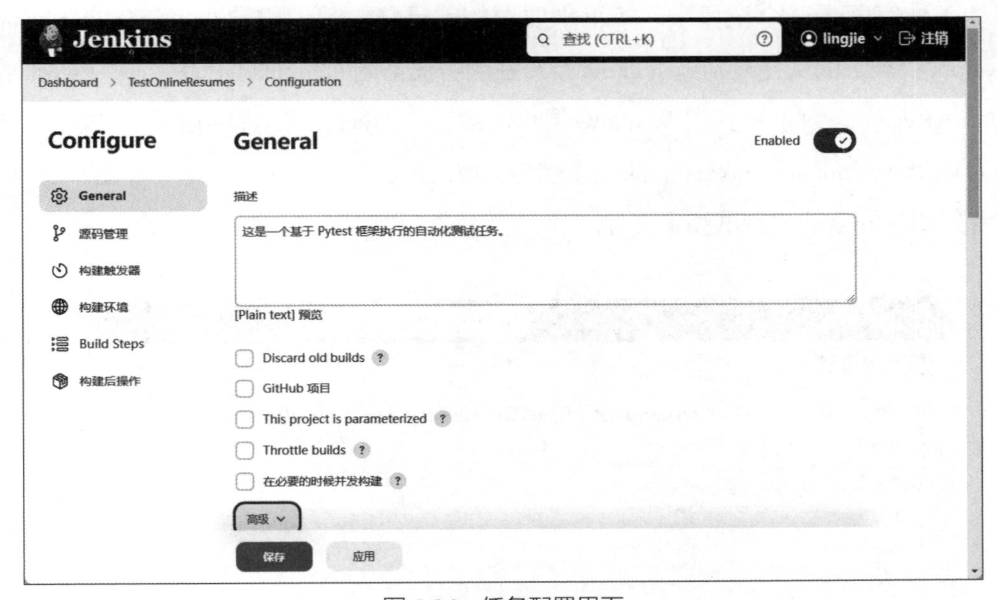

图 5-26 任务配置界面

（3）在图 5-26 所示的界面中，单击“保存”按钮，就会显示图 5-27 所示的任务管理界面。在这里，如果读者直接查看任务的工作空间是会报错的，必须先选择任务管理界面左侧的“Build Now”选项，执行一次构建动作。

图 5-27 任务管理界面

（4）在执行完第一次构建任务后，当再次查看任务的工作空间时，就会看到当前任务的工作空间是一个空目录。接下来要做的就是将之前创建的 05_testOnlineResumes\testScripts 目录下的文件复制到 Jenkins 系统在服务器上的 [Jenkins 的程序目录]\workspace\testOnlineResumes 目录中。在 Windows 操作系统中，[Jenkins 的程序目录] 在默认情况下通常为 C:\ProgramData\Jenkins\.jenkins。然后，再次刷新任务的工作空间，如图 5-28 所示，就会看到相关的自动化测试脚本文件。

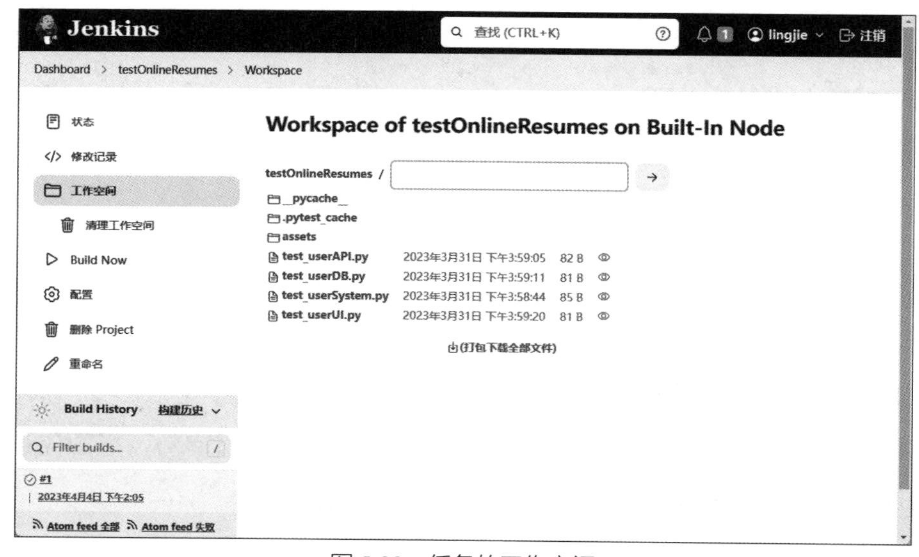

图 5-28 任务的工作空间

（5）在 [Jenkins 的程序目录]\workspace\testOnlineResumes 目录中创建一个名为 auto_run.py 的脚本文件，并在其中调用 pytest.main() 方法来启动自动化测试脚本，具体代码如下。

```
import pytest

if (__name__=="__main__") :
    pytest.main(["-v", "-s"])
```

（6）在 testOnlineResumes 的任务管理界面（见图 5-27）中，选择左侧的“配置”选项，回到任务配置界面。找到并选择该界面中的“Build Steps”选项，增加一个 Windows 批处理类型的步骤，具体如图 5-29 所示。

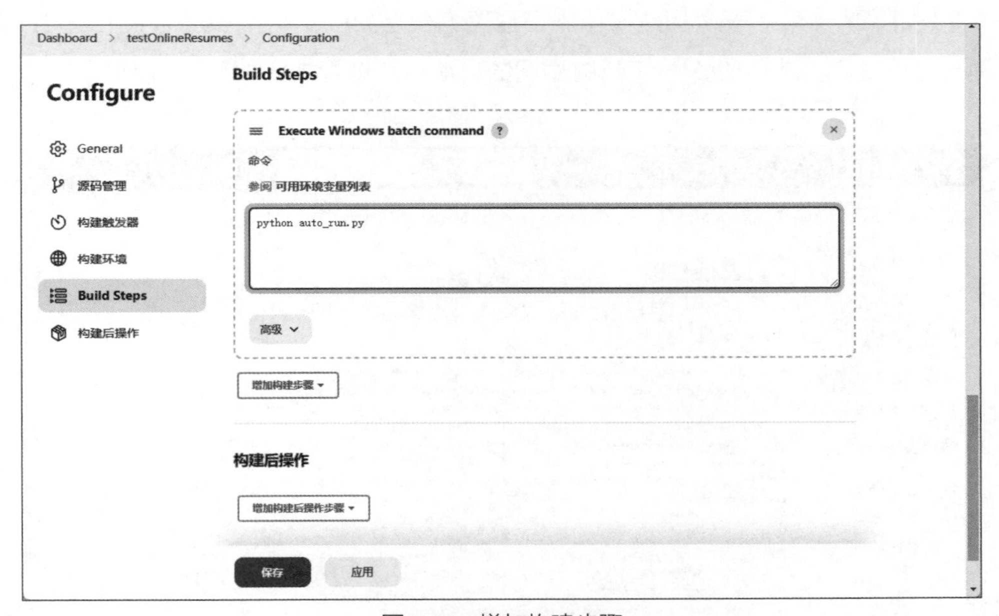

图 5-29　增加构建步骤

（7）再次返回 testOnlineResumes 的任务管理界面，并继续选择左侧的“Build Now”选项，然后在该任务管理界面左侧的“Build History”一栏中可以看到由绿色对钩标记的成功构建操作（不成功的操作则由红色的错叉标记），如图 5-30 所示。

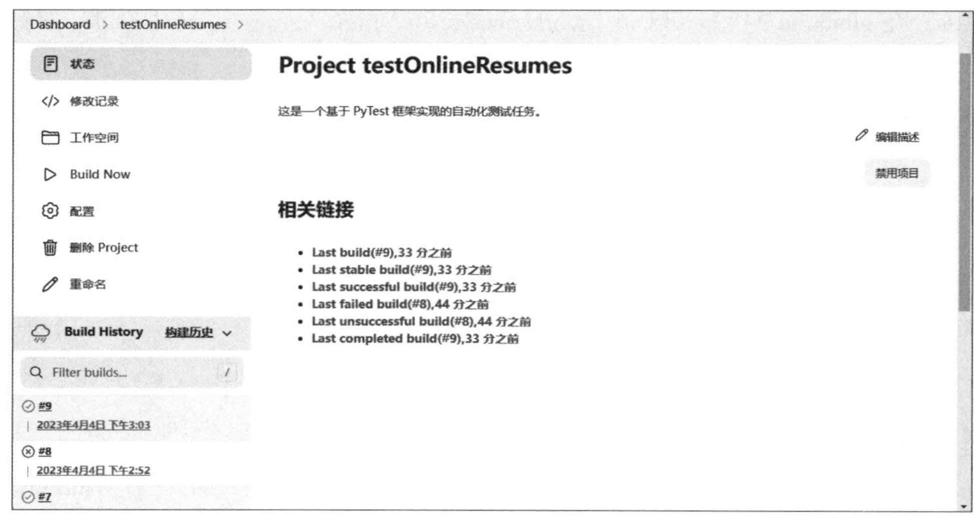

图 5-30 Jenkins 的构建记录

（8）如果单击最后一次构建操作（在这里编号是 #9）并查看其“控制台输出”，就会看到与之前使用 PyTest 命令行工具时相同的自动化测试报告，如图 5-31 所示。

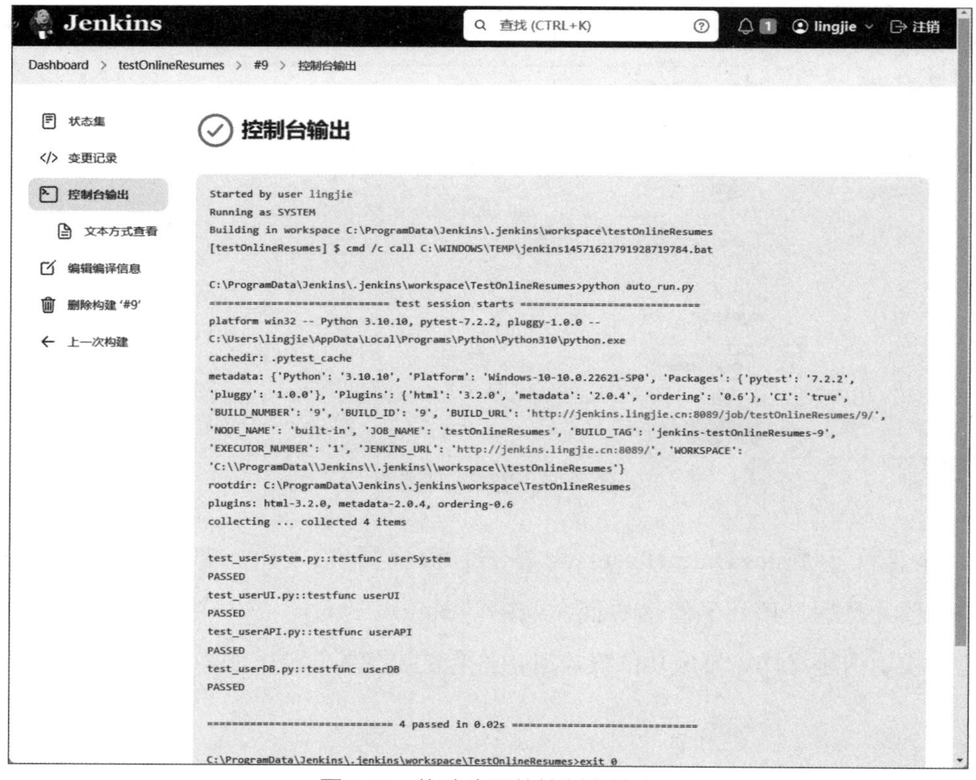

图 5-31 构建步骤的控制台输出

到目前为止，读者已经完成了使用Jenkins系统调用PyTest执行自动化测试脚本的设置，接下来要做的就是让该系统利用版本控制系统监控要测试的目标程序（在这里是OnlineResumes示例程序）。只要该程序的代码发生了改动，就自动执行testOnlineResumes任务。这部分的具体操作步骤如下。

（1）按照本书之前演示的步骤在Jenkins系统中再创建一个用于自动构建OnlineResumes示例程序的新任务，并将该任务命名为buildOnlineResumes。在这里需要注意的是，由于目标程序是一个基于Node.js的应用程序，因此需要在Jenkins系统中安装Node.js插件，并安装指定版本的Node.js运行环境，如图5-32所示。

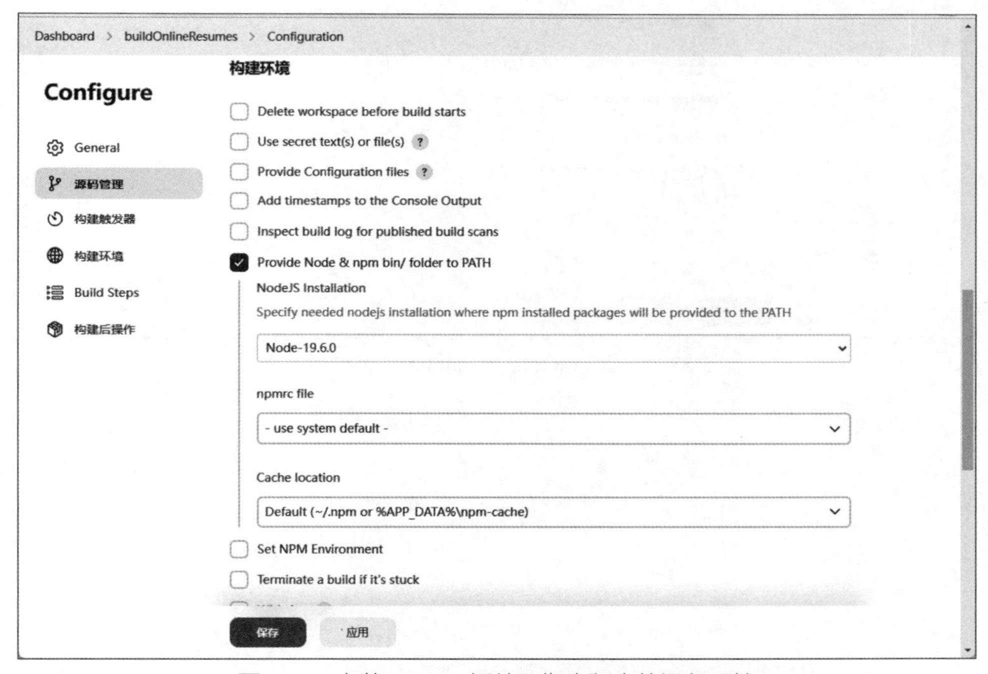

图5-32　安装Node.js插件及指定版本的运行环境

（2）返回testOnlineResumes的任务管理界面，找到并选择该界面中的“构建触发器”选项，勾选右侧的“Build after other projects are built”复选框，然后填入用于持续集成目标程序的任务名称，在这里填的是之前创建的buildOnlineResumes任务，如图5-33所示。

现在，只要buildOnlineResumes任务完成构建动作，testOnlineResumes就会自动启动构建任务。这样一来，前者负责待测软件的自动持续集成，后者负责自动集成测试。至此，我们就完成了一次基于持续集成方式的自动化测试演示。当然，在实际生产环境中，两者的设置过程都比我们演示的要复杂得多，读者如有需要，可仔细查阅 Jenkins 的官方文档，由于篇幅限制，这里就不再继续展开演示了。

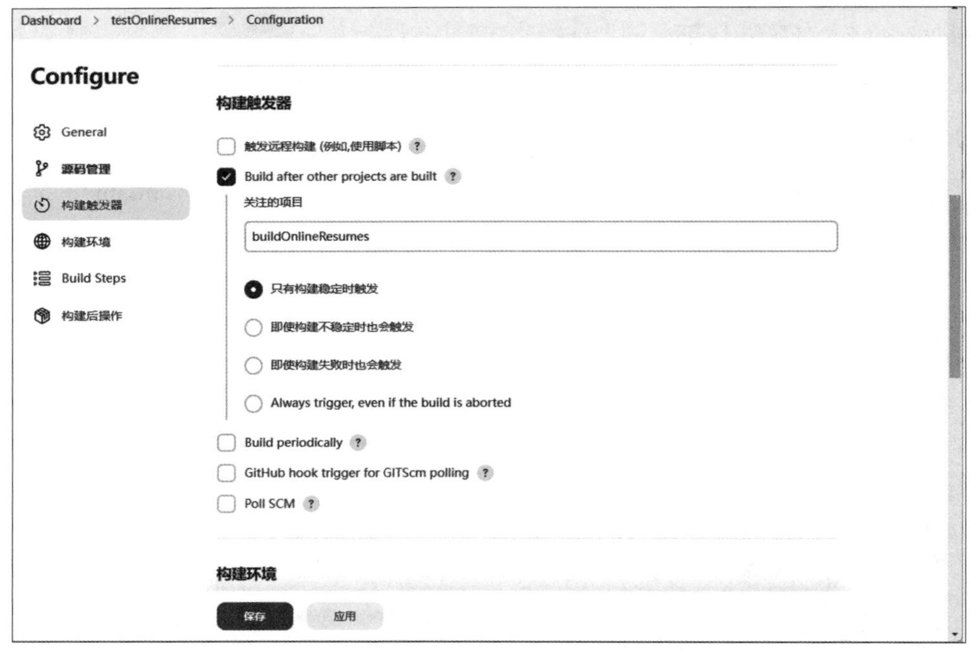

图 5-33　设置 testOnlineResumes 任务的触发器